VERSTÄNDLICHE WISSENSCHAFT

VIERUNDACHTZIGSTER BAND

BERLIN · GÖTTINGEN · HEIDELBERG

SPRINGER-VERLAG

ELEKTROMAGNETISCHE WELLEN

EINE UNSICHTBARE WELT

VON

PROF. DR. HANS HEINRICH MEINKE

DIREKTOR DES INSTITUTS FÜR HOCHFREQUENZTECHNIK
DER TECHNISCHEN HOCHSCHULE MÜNCHEN

1.–6. TAUSEND

MIT 89 ABBILDUNGEN

BERLIN · GÖTTINGEN · HEIDELBERG
SPRINGER-VERLAG

Herausgeber der naturwissenschaftlichen Abteilung:
Prof. Dr. Karl v. Frisch, München

ISBN-13: 978-3-540-03072-0 e-ISBN-13: 978-3-642-86554-1
DOI: 10.1007/978-3-642-86554-1

Alle Rechte, insbesondere das der Übersetzung in fremde Sprachen, vorbehalten. Ohne ausdrückliche Genehmigung des Verlages ist es auch nicht gestattet, dieses Buch oder Teile daraus auf photomechanischem Wege (Photokopie, Mikrokopie) oder auf andere Art zu vervielfältigen

© by Springer-Verlag OHG. Berlin · Göttingen · Heidelberg 1963
Library of Congress Catalog Card Number 63 – 22582

Die Wiedergabe von Gebrauchsnamen, Handelsnamen, Warenbezeichnungen usw. in diesem Werk berechtigt auch ohne besondere Kennzeichnung nicht zu der Annahme, daß solche Namen im Sinn der Warenzeichen- und Markenschutz-Gesetzgebung als frei zu betrachten wären und daher von jedermann benutzt werden dürften

Die Abbildung für den Umschlag — Radioteleskop der Bonner Sternwarte — wurde dankenswerterweise von der Firma Telefunken zur Verfügung gestellt

Inhaltsverzeichnis

Einleitung

Die naturwissenschaftlichen Erkenntnisse, die uns die letzten 100 Jahre brachten, haben gezeigt, daß das Licht ein elektromagnetischer Wellenvorgang ist, daß das Verhalten der Materie zu einem wesentlichen Teil durch elektromagnetische Wirkungen der Elementarteilchen zu erklären ist, daß sogar jedes lebende Wesen in seinem Nervensystem und den internen Regelvorgängen durch elektrische Signale gesteuert wird. Nach unserem heutigen Wissenstand spielt also das elektromagnetische Geschehen eine überragende Rolle im gesamten Geschehen unserer Welt. Etwas erstaunlich erscheint daher die Tatsache, daß diese fundamentalen Erscheinungen erst so spät entdeckt wurden. Dies beruht zweifellos darauf, daß derartige Vorgänge in unserer ursprünglichen makroskopischen Umwelt ohne komplizierte Hilfsmittel kaum erkennbar sind: Die schon im Altertum bekannten Erscheinungen, daß geriebener Bernstein elektrische Anziehung und daß bestimmte Magneteisensteine magnetische Anziehung ausüben, galten als ein seltenes und nicht erklärbares Kuriosum. Der Blitz als elektrische Entladung war ein schwer zugänglicher Vorgang in der höheren Atmosphäre. Versuche mit dem sichtbaren Licht deuteten zwar schon vor einigen Jahrhunderten auf Wellenvorgänge hin, jedoch war ein innerer Zusammenhang dieser Wellen mit dem Verhalten des geriebenen Bernsteins und der magnetischen Mineralien nicht erkennbar. Nur durch sorgfältiges Beobachten einiger zunächst unauffälliger Naturerscheinungen und mit Hilfe genial erdachter Meßmethoden konnte in mühsamer Kleinarbeit ein Zugang zu den elektrischen und magnetischen Erscheinungen gewonnen werden. Hinter diesen wenigen Dingen entdeckte man dann eine völlig neue Welt.

Man fand nicht nur eine brauchbare Erklärung für viele bisher unverständliche Vorgänge in der Natur, sondern durch kluges Weiterdenken auch zahlreiche Möglichkeiten, die sich in der

Natur nicht vorfinden und die zur modernen Elektrotechnik führten. Ein eindrucksvolles Beispiel hierfür sind die elektromagnetischen Wellen, mit denen wir heute Rundfunk, Fernsehen, Radar und viele andere technische Verfahren betreiben. Die Natur hat uns nicht mit Sinnesorganen, die solche Wellen unmittelbar empfinden, ausgerüstet. Der Grund dafür liegt zweifellos darin, daß diese Vorgänge in der Natur sehr selten und so schwach sind, daß sie für die Grundprobleme aller lebenden Wesen (Erhaltung und Fortpflanzung des Lebens) fast uninteressant sind. Die Sonne und einige Sterne senden zwar eine Strahlung dieser Art aus, die aber so schwach ist, daß wir sie heute nur mit großem Aufwand an verfeinerten Meßmethoden registrieren (Radioastronomie). Auch jeder Blitz erzeugt kurzzeitig eine schwache elektromagnetische Welle; jedoch sind diese natürlichen Wellen nicht nur schwach, sondern auch so kompliziert und unsystematisch in ihrem zeitlichen Verlauf, daß sie keinerlei Vorbild für die technische Anwendung sein können. Die von Menschen künstlich erzeugten elektromagnetischen Wellen unserer heutigen Technik sind also etwas völlig Neuartiges, eine geistige Schöpfung des Menschen selbst. Den historischen Ablauf dieser Entwicklung näher zu betrachten und zu analysieren, ist außerordentlich anregend. Es ist interessant zu erfahren, auf welchen Wegen die Erkenntnisse gewonnen wurden und wie unsere heutige technische Situation entstand. Es ist aber auch wichtig, hinter allem den forschenden und den schaffenden Menschen zu sehen; wir werden dabei Zeuge ungewöhnlicher geistiger Leistungen und erleben eine völlig neue Seite des Phänomens „Mensch", die in unserem Jahrhundert erstmalig durchbrach. Wir begreifen dann vielleicht besser, warum dieser grundlegende Wandel des menschlichen Lebens durch die Technik eingetreten ist.

Die Theorie der elektromagnetischen Wellen war wohl der erste Schritt in die ungewöhnliche Welt der modernen Naturwissenschaft, dem dann die Relativitätstheorie, die Quantentheorie, die Kernphysik und biologische Erkenntnisse in so kurzen Abständen und so umwälzender Weise folgten, daß auch den führenden Geistern im Moment die Gesamtschau noch fehlt. Es reicht nicht aus, diese Erweiterung des menschlichen Wissens und die damit verbundene Änderung unseres Lebens einfach zu konstatieren und hinzunehmen. Wir sollten uns vielmehr auch um ein tieferes Verständnis dieser Entwicklung bemühen, die aus irgendeiner inneren Gesetzmäßigkeit der menschlichen Natur lawinenartig entstanden ist und deren Ende wir nicht kennen. Die Vergangenheit zeigt, daß durch jede neue Erkenntnis weitere neue Erkenntnisse möglich werden. Diese haben wieder neue technische Anwendungen zur Folge. Als Folge der Technik steigt die Zahl der Menschen, die sich mit Naturwissenschaft und Technik befassen, und die Technik gibt ihnen auch immer bessere Meß- und Untersuchungsmethoden. So entsteht diese Lawine der naturwissenschaftlichen Erkenntnisse, die im Moment schon niemand mehr überblickt und die nur noch in elektronisch gesteuerten, riesigen Registraturen gespeichert werden können. Auch die elektromagnetischen Wellen sind ein Wissensgebiet, auf dem man zwar eine bereits unübersehbare Fülle von Kenntnissen besitzt, und das schon weitgehend zum Bereich der Technik gehört, das aber auch noch eine Fülle grundlegender, wissenschaftlicher Probleme enthält, die der Lösung bedürfen.

I. Der Weltäther und der Maxwellsche Verschiebungsstrom

Die Entdeckung der elektromagnetischen Wellen hat ihren Beginn in den Untersuchungen über die Natur des sichtbaren Lichts. Die ersten Versuche über die Beugung des Lichts unternahm Francesco Grimaldi um 1650, ohne sie erklären zu können. Er sah aber bereits das, was man später Interferenz nannte und schrieb: „Kommt zu dem Licht, das ein leuchtender Körper empfängt, noch Licht hinzu, so kann der Körper dunkler werden.“ Ein damals offensichtlich merkwürdiges und scheinbar widerspruchsvolles Ergebnis, dem bei der Erforschung der elektromagnetischen Wellen noch viele, zunächst ebenso rätselvolle Ergebnisse folgen sollten. Manches dieser Rätsel haben wir heute geklärt, manche Lösung erahnen wir erst, weil die Theorien sich als ungewöhnlich schwierig erweisen.

Fresnel unternahm um 1800 seinen berühmten Interferenzversuch mit zwei Spiegeln und war einer der Begründer der Theorie, daß das Licht ein Wellenvorgang sei. Er betrachtete das Licht als elastische Schwingungen des „Lichtäthers“ oder „Weltäthers“, einer hypothetischen, nichtmateriellen, aber überall vorhandenen Substanz, über deren Natur man sich noch bis über das Jahr 1900 hinaus heftig getritten hat. Schließlich ergaben grundlegende Experimente (MICHELSON 1881) und die Relativitätstheorie den sicheren Beweis für das Nichtexistieren dieses Weltäthers. Die Hauptschwierigkeit für das Begreifen dieser Wellenvorgänge lagen damals offenbar im natürlichen Bestreben des Menschen, sich alle Vorgänge „anschaulich" vorstellen zu wollen. Der gleichen Schwierigkeit unterliegen die meisten Menschen hierbei noch heute, denn die elektromagnetischen Wellen sind ebenso wie viele später entdeckte Erscheinungen der modernen Physik (z. B. Relativitätstheorie, Quantentheorie) im Grunde genommen frei von jeder Anschaulichkeit. Man kann sogar behaupten, daß in den neueren Zweigen der Physik jedes Bemühen um anschauliche Vorstellung zu unlösbaren Widersprüchen führt und das Verstehen verhindert. Wenn man daher die elektromagnetischen Wellen „verstehen" will, muß man die etwas fragwürdigen Begriffe der „Anschaulichkeit" und der „Vorstellbarkeit" sehr ernsthaft analysieren und eine gewisse Aufnahmebereitschaft für unanschauliche Resultate mitbringen.

Die Physik der frühen Zeit entsprach der Forderung nach Anschaulichkeit durchaus: Die Mechanik mit ihren materiellen, sichtbaren oder fühlbaren Körpern, den direkt spürbaren Kräften und Trägheitserscheinungen, mit den sichtbaren Verformungen der Körper unter dem Einfluß von Kräften, war sehr anschaulich. Die Wärmeerscheinungen waren unseren Sinnesorganen ebenfalls weitgehend zugänglich. Die wenigen, damals bekannten elektrischen und magnetischen Erscheinungen führten zu mechanischen Kräften (Anziehung) und mechanischen Bewegungen (Drehung einer Magnetnadel). Der durch einen Draht fließende elektrische Strom war immerhin noch in gewissem Sinne „anschaulich vorstellbar". Die akustischen Wellen wurden als elastische Verformungen und Fortleitung von Kraftwirkungen innerhalb der Materie erkannt. Der luftleere Raum gestattete keine Schallausbreitung. Es erschien daher bei der erkannten Analogie zwischen Schallwellen und Lichtwellen als notwendige Konsequenz, anzunehmen, daß die Lichtwellen etwas ähnliches wie elastische Verformungen und Fortleitung von Wirkungen in einem geeigneten

Medium sein müßten. Hier bestand allerdings die Schwierigkeit darin, daß sich offensichtlich die Lichtwellen auch durch den *leeren* Weltraum ohne weiteres fortbewegen konnten. Daraus zog man den Schluß, daß im gesamten Weltraum ein nichtmaterieller Stoff vorhanden sein müsse, der (ebenso wie die materiellen Körper bei der Weiterleitung der Schallwellen) der Träger dieses Lichtwellenvorganges sei. Diesen Stoff, dem man ungewöhnliche Eigenschaften zuschreiben mußte und der im Grunde genommen auch nicht mehr anschaulich vorstellbar war, nannte man „Weltäther". Äther ist in der griechischen Philosophie der feine Urstoff des Lebens. In einem älteren Buch findet man als Definition für den Äther: „Ein äußerst feiner, höchst elastischer Stoff im Weltenraum und alle Körper durchdringend". Man nannte die Lichtwellen daher auch Ätherwellen. Dieser Name wird auch heute noch gelegentlich scherzhaft für unsere Funkwellen verwendet, die sich nach ursprünglicher Vorstellung auch in diesem Äther ausbreiteten.

Hervorragende Wissenschaftler wie Gauss, Riemann und Neumann haben vergeblich versucht, das Geheimnis der elektromagnetischen Vorgänge im Raum zu ergründen. Erst der englische Physiker Maxwell fand 1864 in Erweiterung von Ideen Faradays den richtigen Weg. Er faßte in seinem 1873 erschienenen Buch "A treatise on electricity and magnetism" alle bis dahin experimentell gesicherten Gesetze der Elektrizität und des Magnetismus zusammen und entwickelte durch Hinzunahme einiger genialer Hypothesen eine in sich abgeschlossene Theorie der elektromagnetischen Erscheinungen. Die berühmt gewordenen Maxwellschen Gleichungen sind noch heute die Grundlage unseres elektrotechnischen Denkens, soweit nicht in Ausnahmefällen die Relativitätstheorie und die Quantentheorie berücksichtigt werden müssen. Durch die Annahme, daß im Äther Ströme fließen, die Maxwell Verschiebungsströme nannte und für die er eine (noch heute gültige) Formel aus rein theoretischen Überlegungen heraus angab, konnte er zeigen, daß es elektromagnetische Wellen im Raum geben kann. Diese Wellen bestehen aus elektrischen und magnetischen Feldern, die mit hoher Geschwindigkeit durch den Raum wandern. Jedoch war alles reine Theorie und mit den damaligen experimentellen Hilfsmitteln nicht zu prüfen. Man weiß, daß die neue Theorie die Physiker erheblich bewegte, daß sie viele Zweifel verursachte, daß aber schon damals viele die Bedeutung der Gedanken MAXWELLS ahnten, weil bereits 1873 doch manche, wenn auch noch unvollkommene Experimente gut in diese Theorie paßten.

Bevor wir die Entwicklung dieser Theorie näher verfolgen, muß zunächst zu erklären versucht werden, was dieser Verschiebungsstrom eigentlich bedeuten sollte. Dieser Fragenkomplex ist äußerst schwierig und auch heute noch sogar für Fachleute schwer verdaulich. Es muß aber zumindest versucht werden, diesen wichtigen Punkt in aller Ausführlichkeit und möglichst verständlich zu klären. Wir wissen nicht genau, wie MAXWELL zu seinen Gedanken gekommen ist und was er sich selbst dabei gedacht hat. In seinem Buch sagt er darüber nichts; möglicherweise hatte er selbst noch keine Klarheit darüber, was das Ganze bedeutete. In seinem Buch steht ohne Einleitung und ohne jeden Zusatz der folgende Satz, dem zweifellos überragende historische Bedeutung zukommt und der hier daher wörtlich zitiert werden soll:

> *Currents of displacement:* One of the chief peculiarities of this treatise is the doctrine which it asserts, that the true electric current, that on which the electromagnetic phenomena depend, is not the same thing as the current of conduction, but that the time variation of the electric displacement must be taken into account in estimating the total movement of electricity.

In deutscher Übersetzung (WEINSTEIN 1883):

> Es gehört zu den Hauptaufgaben dieses Buches, nachzuweisen, daß der wirkliche elektrische Strom, wie er sich in den elektromagnetischen Phänomenen manifestiert, nicht der geleitete Strom ist, sondern daß man, um die totale, zu einer bestimmten Zeit an einer bestimmten Stelle in Bewegung befindliche Elektrizität zu erhalten, zum Konduktionsstrom noch den durch die zeitliche Variation der elektrischen Verschiebung herrührenden Strom zu addieren hat.

MAXWELL behauptet also, daß es nicht nur die damals bereits bekannten elektrischen Ströme in Leitern (current of conduction, geleiteter Strom, Konduktionsstrom) gibt, sondern auch Ströme in Nichtleitern (current of displacement, Verschiebungsstrom), die man bisher nicht kannte. Seine Aussagen bedeuteten sogar, daß auch im leeren Raum (er sagt: „im Äther“) Ströme fließen, die in keiner Weise mit der bekannten Bewegung von Ladungen zusammenhängen. Eine Ansicht, die geradezu als Widerspruch erscheinen mußte. Es ist kein Zweifel, daß auch der heutige

Leser (wenn er nicht ein Fachmann dieses Spezialgebietes ist) mit dieser Behauptung nichts anfangen kann. Es ging den Lesern des vorigen Jahrhunderts natürlich ebenso. Man kann aber ungefähr rekonstruieren, was gemeint war: MAXWELL wollte eine Erklärung der Lichtwellen mit Hilfe elektromagnetischer Vorgänge. Man wußte damals zweifellos, wie die mathematischen Gleichungen aussehen mußten, die er sich hierfür wünschte; denn man kannte schon viele andere Wellenvorgänge (Wasserwellen, Schallwellen, elastische Wellen in gespannten Drähten) und ihre mathematische Behandlung. Außerdem kannte MAXWELL auch durch seine Arbeiten die fundamentalen Eigenschaften elektrischer und magnetischer Felder. So war für ihn erkennbar, welche Annahmen notwendig waren, um brauchbare Wellengleichungen für das Licht zu erhalten. Dies erscheint als die vernünftigste Erklärung für das Entstehen der sonst völlig unverständlichen Hypothese über den Verschiebungsstrom. Man versuchte nun, nachträglich dem Ganzen über den mathematischen Formalismus hinaus einen physikalischen Sinn beizugeben. Dies ist zwar für das Funktionieren einer mathematischen Theorie nicht erforderlich, entspricht aber einem verbreiteten menschlichen Bedürfnis.

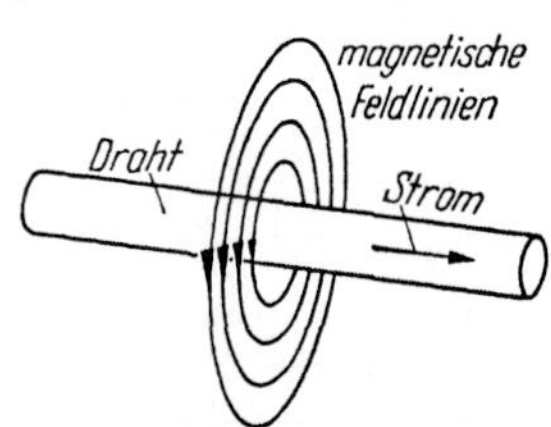

Abb. 1. Magnetisches Feld eines stromdurchflossenen Drahtes

Man kannte den in Abb. 1 dargestellten Versuch: Fließt ein Strom durch einen Draht, so umgibt er sich mit einem magnetischen Feld. Das magnetische Feld steht senkrecht zur Richtung des Stromes und die magnetischen Feldlinien sind Kreise um den Draht herum. Diese Erscheinung nannte man Elektromagnetismus. Daneben kannte man den Magnetismus eiserner Körper und das Magnetfeld der Erde. Man war schon damals ziemlich sicher, daß auch diese letzteren magnetischen Erscheinungen durch Ströme im Eisen und in der Erde hervorgerufen werden. Alle damals bekannten magnetischen Felder hatten also elektrische Ströme als Ursache. Man konnte daraus folgern, daß auch der Vorgang der Lichtwellen, wenn diese wirklich magnetische Felder besitzen sollten, mit Strömen verbunden sein könnte. Nun breitet sich aber das Licht im leeren Raum und in Nichtleitern (z. B. Glas, Wasser) aus, während es gerade in Leitern, wo Ströme bereits bekannt waren, sich nicht ausbreitete. So entstand die Annahme, daß es im leeren Raum und in Nichtleitern ebenfalls Ströme geben müsse, die allerdings völlig anderer Natur als die bisher bekannten Ströme in Leitern sein mußten. Aber auch diese Ströme besaßen magnetische Felder.

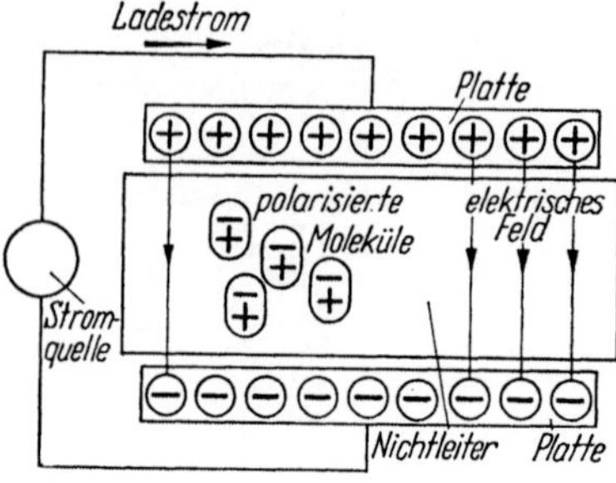

Abb. 2. Laden eines Kondensators mit Dielektrikum

Der Name „Verschiebungsstrom“ stammt aus dem in Abb. 2 dargestellten Versuch. Ein aus zwei Platten bestehender Kondensator wird durch einen Strom aufgeladen. Auf den Platten sammeln sich dann positive und negative Ladungen an. Zwischen den Platten entsteht ein elektrisches Feld. Bringt man zwischen die Platten einen Nichtleiter, so besteht das elektrische Feld auch in diesem Nichtleiter, der bei solchen Anwendungen als „Dielektrikum“ bezeichnet wird. Das elektrische Feld wirkt auf die Moleküle des Dielektrikums, weil Moleküle aus elektrisch geladenen Teilchen bestehen. Diese Teile werden durch die Anziehungskräfte des Feldes innerhalb des Moleküls so verschoben, daß jedes Molekül etwa elliptische Form und ein positiv geladenes und ein negativ geladenes Ende bekommt, wobei (wie in Abb. 2 schematisch angedeutet) die geladenen Enden nach dem bekannten Anziehungsgesetz jeweils in Richtung zu derjenigen Kondensatorplatte liegen, die die Ladung mit entgegengesetzten Vorzeichen trägt. Man sagt: Die Moleküle werden polarisiert. Je größer die Spannung zwischen den Kondensatorplatten ist, desto stärker ist die Verformung der Moleküle, desto größer die Verschiebung der Ladungen innerhalb der Moleküle. Lädt man den Kondensator durch einen Strom auf, so wächst während der Ladezeit die Spannung zwischen den Platten, und es bewegen sich im Dielektrikum die Ladungen innerhalb der Moleküle in Richtung größerer Verschiebung. Sich bewegende Ladungen stellen einen elektrischen Strom dar. Wenn sich daher während des Aufladens des Kondensators Ladungen im

Dielektrikum verschieben, so bedeutet dies einen echten Strom, der unseren Vorstellungen völlig entspricht. Man nennt ihn im Gegensatz zu dem „Leitungsstrom“, der in Leitern fließt, einen „Verschiebungsstrom“. Auf diese Weise wird die auf Seite 6 erwähnte Definition von MAXWELL verständlich, daß der Verschiebungsstrom von der „zeitlichen Variation der elektrischen Verschiebungen herrührt“. Solange in Abb. 2 ein Ladestrom in den Kondensator fließt, wächst die Spannung zwischen den Platten, bewegen sich Ladungen im Dielektrikum und fließt ein Verschiebungsstrom im Dielektrikum. Wenn der Kondensator entladen wird, wird das elektrische Feld schwächer, und die Ladungen der Moleküle wandern in ihre Ruhelage zurück. Auch dann fließt während des Entladens im Dielektrikum ein Verschiebungsstrom, jedoch in umgekehrter Richtung wie vorher.

Eine solche Erläuterung des Verschiebungsstroms ist noch gut verständlich. Die wesentliche Schwierigkeit entsteht erst im leeren Raum. Dort gibt es Lichtwellen, also magnetische Felder. Und nun fordert MAXWELL, um geeignete Gleichungen zu erhalten, daß die magnetischen Felder im leeren Raum auch durch Ströme entstehen, daß es also auch einen Verschiebungsstrom im leeren Raum gibt, obwohl dort keine Materie existiert und sich also keine geladenen Teilchen verschieben können. Ein solcher Strom ohne bewegte Ladungen war etwas völlig neuartiges. MAXWELL äußert sich zu dieser Problematik kaum und schreibt lediglich am Ende seines Buches, daß auch er sich den Raum als mit einem Äther erfüllt denkt, wobei also die Möglichkeit bestehen könnte, daß sich in diesem Äther etwas verschiebt. MAXWELL war als Theoretiker zweifellos weniger daran interessiert, anschauliche Vorstellungen zu entwickeln, sondern vorzugsweise daran, die Richtigkeit seiner Gleichungen durch Experimente zu beweisen. Für die meisten Physiker, damals und heute, bleibt aber die Idee eines Verschiebungsstroms im leeren Raum, an dem keine sich bewegenden Ladungen beteiligt sind, etwas unanschaulich und fragwürdig. Nachdem jedoch viele Experimente gezeigt hatten, daß die Maxwellschen Gleichungen eine ungewöhnlich genaue Beschreibung der elektromagnetischen Erscheinungen gestatteten, gewöhnte man sich daran, den Verschiebungsstrom im Äther als eine rein formale Größe in alle Berechnungen einzubeziehen. Die rein vorstellungsmäßige Schwierigkeit blieb aber und wurde noch größer, nachdem der Versuch von MICHELSON (später von Joos mit großer Genauigkeit wiederholt) und die Relativitätstheorie die Unhaltbarkeit der Äthervorstellung zeigten. Nun war der leere Raum wirklich leer und nichts irgendwie Vorstellbares konnte sich in ihm verschieben.

II. Experimentelle Bestätigung der Maxwellschen Theorie

MAXWELL selbst hat bereits in seinem genannten Buch gezeigt, daß verschiedene, damals bekannte Versuche im Rahmen der erreichten Meßgenauigkeit das fundamentale Ergebnis seiner Theorie soweit bestätigten, daß man bei einer späteren Verbesserung der Meßgenauigkeit mit einer vollständigen Bestätigung rechnen konnte. Es darf nicht der Sinn dieses Büchleins sein, den Leser mit der verwirrenden Formelfülle der Theorie bekannt zu machen, was selbst eine Hochschule dem Physiker und Elektrotechniker erst in fortgeschrittenen Semestern zu bieten wagt. Es sollen vielmehr die wichtigsten Tatsachen an einfachen Experimenten und Überlegungen verständlich gemacht werden, auch wenn man sich dadurch etwas von den historischen Gedankengängen entfernt und einige nebensächliche Details verschweigen muß.

Wenn man einen Kondensator aus zwei Platten von je 1 cm^2 Fläche mit 1 cm Abstand wie in Abb. 2 auf eine Spannung von 1 Volt auflädt, so befindet sich auf dem Kondensator eine Ladung, die zwar sehr klein ist, aber gut gemessen werden kann. Diese Ladungsmenge nennt man ε. Mißt man den gleichen Kondensator ohne Dielektrikum, so ist die Ladung kleiner und man nennt sie ε_0. Der Quotient $\varepsilon_r = \varepsilon/\varepsilon_0$ ist die relative Dielektrizitätskonstante des betreffenden Dielektrikums. Ein gut leitendes Blech von 1 cm Breite biegt man nach Abb. 3 so zusammen, daß es vier Seitenwände eines Würfels von 1 cm^3 Inhalt bildet und biegt zwei Anschlüsse heraus. Schickt man über diese Anschlüsse einen Strom durch das Blech, so entsteht um das Blech herum ein magnetisches Feld. Ändert man den durch das Blech fließenden Strom, so ändert sich die Stärke des magnetischen Feldes entsprechend. Ein sich änderndes magnetisches Feld verursacht Induktionswirkungen derart, daß zwischen den Zuleitungen des Stromes eine induzierte Spannung gemessen wird (Selbstinduktion). Vergrößert man beispielsweise den Strom langsam und stetig in solchem Umfang, daß sich die Stromstärke pro Sekunde um 1 Ampere ändert, so mißt man zwischen den Zuleitungen eine sehr kleine, aber gut meßbare Spannung, die man international als μ_0 bezeichnet. Nach der Maxwellschen Theorie, die hier nicht mathematisch erläutert werden kann, aber in einem späteren Abschnitt dieses Büchleins verständlich gemacht werden wird, wäre dann die Fortpflanzungsgeschwindigkeit c_0 der Lichtwellen im freien Raum nach der Formel

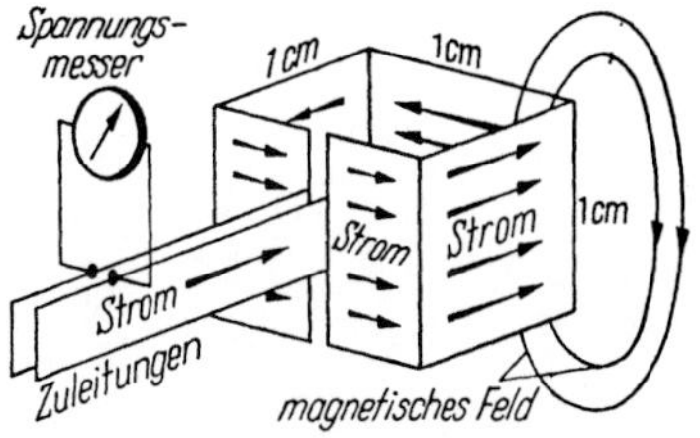

Abb. 3. Messung von μ_0

$$c_0 = \frac{1}{\sqrt{\varepsilon_0 \mu_0}}$$

aus den beiden vorher genannten Messungen zu berechnen. Wenn dann die damals durch Fizeau, Foucault und andere bereits gemessene Lichtgeschwindigkeit mit dem aus gemessenen Werten von ε_0 und μ_0 berechneten Wert c_0 übereinstimmen würde, wäre dies eine Bestätigung für die Maxwellschen Ideen. Der Mittelwert von den drei damals bekannten Messungen der Lichtgeschwindigkeit war im Jahre 1873: 306000 km pro Sekunde (heutiger genauer Wert 299778 km pro Sekunde). Der Mittelwert der aus den damaligen Messungen des ε_0 und μ_0 nach obiger Formel berechneten Lichtgeschwindigkeit war 294000 km pro Sekunde. Zweifellos eine Zahl, die ausgezeichnet zu den Messungen der Lichtgeschwindigkeit paßte. Dies war ein unübersehbarer Erfolg der Theorie. Man überlege dabei folgendes: Eine Ladungsmessung der Elektrostatik (ε_0), eine Spannungsmessung bei einem Induktionsvorgang (μ_0) und eine optische Messung der Lichtgeschwindigkeit, also Messungen auf drei völlig verschiedenen Gebieten, die vor der genialen Konstruktion dieser zusammenfassenden Theorie zusammenhanglos nebeneinander standen, fügten sich nun zueinander.

Ferner war bekannt, daß die Lichtgeschwindigkeit c in nichtleitenden, durchsichtigen Körpern kleiner ist als die Lichtgeschwindigkeit c_0 im freien Raum. Das Verhältnis c_0/c dieser

Geschwindigkeiten war durch Brechungsversuche aus der Optik bekannt und wurde als Brechungsexponent n bezeichnet. Die Maxwellsche Theorie zeigte nun, daß das Quadrat n^2 des Brechungsexponenten gleich der bereits erläuterten, relativen Dielektrizitätskonstanten ε_r des durchsichtigen Materials sein müßte. MAXWELL erwähnt das Beispiel des Paraffins, dessen Verhalten ihm gut bekannt war. Die Dielektrizitätskonstante des Paraffins war nach damaliger Kenntnis gleich 1,98. Das Quadrat n^2 des Brechungskoeffizienten des Paraffins war nach damaligen optischen Messungen etwa 2,05. Auch hier war also durch die neue Theorie ein Zusammenhang zwischen zwei Erscheinungen (n und ε_r), die zunächst aus völlig verschiedenen Bereichen (Optik und Elektrostatik) stammten, entstanden.

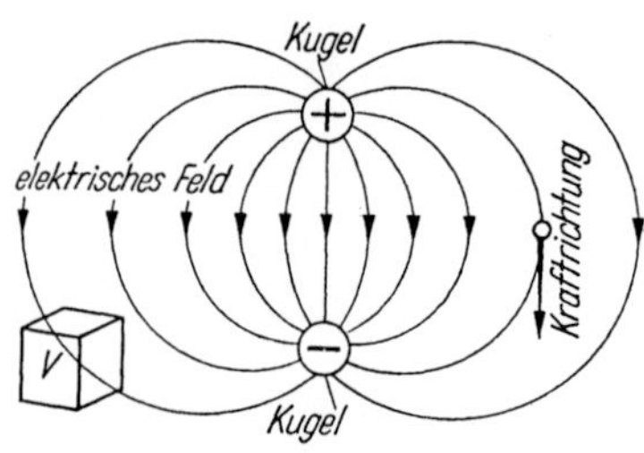

Abb. 4. Elektrisches Feld zwischen geladenen Kugeln

Diese Ergebnisse der Maxwellschen Theorie waren hinsichtlich der Lichtwellen trotz begrenzter experimenteller Bestätigung immerhin so deutlich, daß sich die Naturwissenschaftler genötigt sahen, sich mit den neuen Gedanken ernsthaft zu beschäftigen. Insbesondere war man bestrebt, die zahlreichen Folgerungen dieser Theorie, die sich keinesfalls auf die Erklärung der Lichtwellen beschränkte, experimentell zu prüfen. MAXWELL hatte z. B. auf Grund seiner Hypothese des Verschiebungsstroms das allgemeine Gesetz entwickelt, daß sich alle „Störungen" elektrischer und magnetischer Felder mit Lichtgeschwindigkeit ausbreiten. Dies soll an einem Beispiel erläutert werden, das später auch die Ausstrahlung von Wellen durch eine Sendeantenne erklären wird.

Wenn ein aus zwei Kugeln bestehender Kondensator nach Abb. 4 geladen ist, so besteht in dem umgebenden Raum ein elektrisches Feld, das man durch Feldlinien darstellen kann. Wenn eine solche Aufladung seit sehr langer Zeit unverändert besteht, dann ist das elektrische Feld zeitlich konstant geworden, also ein „statisches Feld". Das elektrische Feld erfüllt den gesamten Raum bis in sehr große Entfernungen, wenn dieser Raum frei von anderen Leitern ist. Das Feld kann man durch den bekannten Versuch nachweisen, daß auf einen in diesem Raum befindlichen geladenen Körper eine Kraft ausgeübt wird. Die Richtung dieser Kraft ist durch die Richtung der Feldlinien am Ort dieses Körpers gegeben, die Größe der Kraft durch die „elektrische Feldstärke" an diesem Ort. Man betrachtet nun den Vorgang in derjenigen Zeit, in der die Ladung auf den Kondensator gebracht wurde, in der also das Feld entstand. Dieser Vorgang erweist sich als sehr kompliziert. MAXWELL zeigt, daß die Felder nicht sofort nach dem Aufbringen der Ladung in ihrer endgültigen Form und Stärke auftreten, sondern daß sich jede Änderung der Kondensatorladung in den weiter entfernten Bereichen des Raumes erst nach einer gewissen Zeit bemerkbar macht, und zwar um so später, je weiter der betreffende Bereich von den Kugeln entfernt ist. Erweitert man den Versuch so, daß man die Ladung des Kondensators nach kurzer Zeit wieder entfernt, so muß das von den Ladungen erzeugte Feld wieder verschwinden; jedoch verschwindet das Feld in den weiter entfernten Bereichen des Raumes wieder mit einer gewissen zeitlichen Verzögerung und zwar um so später, je größer die Entfernung vom Kondensator ist. Wenn diese Änderungen der Kondensatorladung sehr schnell erfolgen, kann es geschehen, daß in fernen Bereichen des Raumes sich das Feld noch im Stadium des Aufbaus befindet, wenn es in der Nähe des Kondensators bereits wieder verschwunden ist.

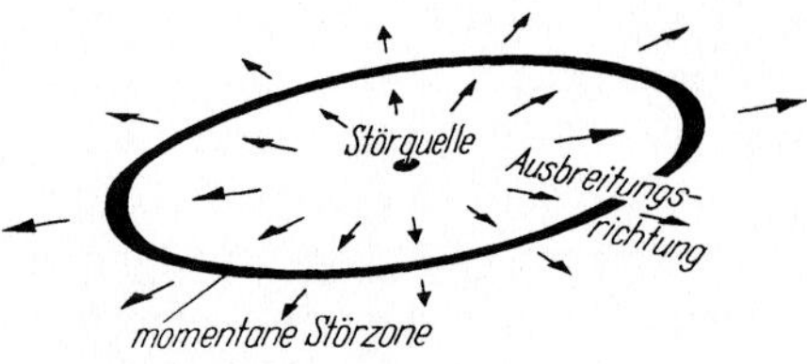

Abb. 5. Ringförmige Ausbreitung einer Störung

Einen solchen Vorgang stellt man sich am besten mit Hilfe des folgenden bekannten Versuchs vor: Läßt man einen Wassertropfen von oben auf eine ruhige Wasserfläche fallen, so verursacht dies eine Störung der Wasseroberfläche. Diese Störung breitet sich so aus, daß eine ringförmige Störzone mit bestimmter Geschwindigkeit vom Einschlagsort des Tropfens nach allen Seiten läuft (Abb. 5). Der Wassertropfen als Störquelle verursacht (wie die kurzzeitige Kondensatorladung) an seiner Einschlagstelle eine kurzzeitige Störung der Wasseroberfläche, die jedoch an den entfernteren Teilen der Oberfläche erst nach einer gewissen Zeit bemerkbar wird. Die Störung hat eine Fortpflanzungsgeschwindigkeit, die bei Wasseroberflächen noch so klein ist, daß man das Wandern der Störungsfront direkt beobachten kann. Ein entsprechender akustischer Vorgang ist ein Explosionsknall als nahezu punktförmige Quelle einer Störung der Luft. Von der Quelle aus breitet sich dann mit Schallgeschwindigkeit eine Störungsfront aus. Nach der Maxwellschen Theorie ist die Fortpflanzungsgeschwindigkeit solcher Störungen in elektrischen und magnetischen Feldern gleich der Lichtgeschwindigkeit (300000 km pro Sekunde), also extrem groß. In einer Entfernung von beispielsweise 300 m beträgt die Verzögerungszeit, mit der alle Änderungen des Feldes bemerkbar werden, nur eine Millionstel Sekunde; in einer Entfernung von 300 km erst eine Tausendstel Sekunde. Solche kleinen Zeitdifferenzen in so großen Entfernungen sind zweifellos schwer meßbar, und es fehlten zunächst alle Voraussetzungen für eine experimentelle Nachprüfung dieser allgemeinen Theorie der Ausbreitung elektromagnetischer Störungen.

Dem genialen Experimentator HEINRICH HERTZ (Abb. 6; damals Professor für Physik in Karlsruhe) gelang es in den Jahren 1885 bis 1889, durch mehrere Kunstgriffe die bestehenden Schwierigkeiten zu überwinden und den experimentellen Nachweis zu erbringen, daß sich Störungen in elektromagnetischen Feldern mit Lichtgeschwindigkeit ausbreiten. Diese Versuchsreihe gilt als eine der großartigsten und bedeutsamsten der neuzeitlichen Physik und hatte weitreichende Folgen. In den Hertzschen Veröffentlichungen, die in den Jahren 1887—1889 in den „Annalen der Physik" erschienen sind, ist das langsame Wachsen der Erkenntnisse ausführlich beschrieben. Wenn ein Fachmann der heutigen Zeit diese Arbeiten liest, ist er tief beeindruckt von den Erfolgen trotz der noch unentwickelten experimentellen Hilfsmittel und trotz der zahlreichen, damals noch unerklärlichen Nebeneffekte, die wir heute genau kennen. Man erkennt dann auch so recht den großen Fortschritt unseres Wissens in nur wenigen Jahrzehnten.

Es ist nicht lohnend, die damaligen Versuche eingehend zu beschreiben, da vieles unklar und unvollkommen war. Es soll dagegen versucht werden, die Grundgedanken der frühen Versuche vom heutigen Gesichtspunkt aus zusammenzufassen und in stark vereinfachter Form darzustellen. Es ist zweifellos außerordentlich schwierig zu messen, ob ein bestimmter Vorgang an zwei weit

Abb. 6. HEINRICH HERTZ (* 1857; † 1894); Büste vor der Technischen Hochschule Karlsruhe (Photo: ILSE SCHMIDT, Karlsruhe)

voneinander entfernten Orten gleichzeitig oder mit einer Zeitdifferenz von Millionstel Sekunden eintritt. Von der Messung einer solchen Zeitdifferenz hing aber der Beweis ab, daß die Maxwellschen Gleichungen richtig waren. Alle Theorien der modernen Physik waren nur durch Experimente zu bestätigen, bei denen extreme Anforderungen an die Meßverfahren gestellt werden. Nur durch geistreiche Kunstgriffe begnadeter Experimentatoren wurden die von den Theoretikern erahnten Erscheinungen erstmalig nachweisbar.

Der erste, von HERTZ verwendete Kunstgriff ist in Abb. 7 dargestellt. Wenn man die in Abb. 5 gezeigte Störung der Wasseroberfläche periodisch in gleichen Zeitabständen wiederholt, also

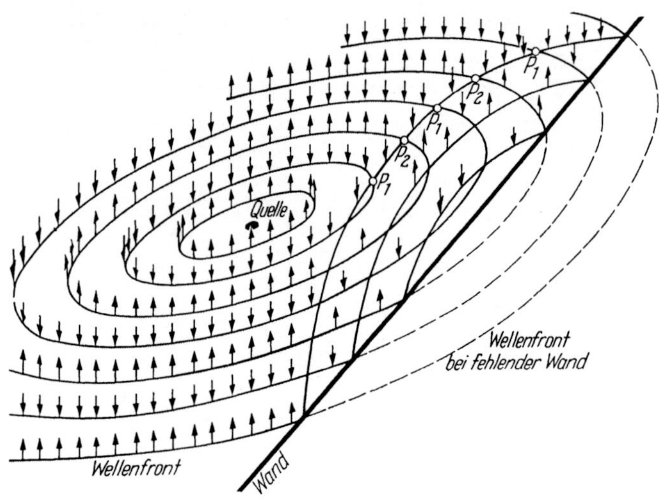

Abb. 7. Periodische Störungen mit Reflexion an einer ebenen Wand

eine Folge von Wassertropfen auf die Wasseroberfläche fallen läßt, so bilden sich um das Störungszentrum herum mehrere kreisförmige Störzonen, die untereinander gleichen und gleichbleibenden Abstand haben und nach außen laufen. Für die im folgenden zu untersuchenden Störungen elektromagnetischer Felder wird wie bisher ein Kondensator verwendet, der mit Hilfe des Ladens und Entladens elektrische Felder aufbaut und abbaut. Bei elektromagnetischen Wellen ist es üblich und aus der später noch zu beschreibenden Entstehungsart gegeben, daß jeweils auf die kurzzeitige Ladung und Entladung des Kondensators ein Vorgang folgt, bei dem der Kondensator in entgegengesetzter Richtung geladen und entladen wird. Es wird also zunächst ein Feld nach Abb. 4 aufgebaut und wieder abgebaut, anschließend ein entgegengesetztes Feld aufgebaut und wieder abgebaut. Diese Vorgänge werden laufend in zeitlich konstanter Folge wiederholt, und es entstehen aufeinanderfolgende Störzonen wie in Abb. 7, die sich mit Lichtgeschwindigkeit nach außen bewegen müßten, wenn die Theorie von MAXWELL richtig wäre. Bei den periodischen Störzonen in Abb. 7 unterscheiden sich die aufeinanderfolgenden Störringe durch die Richtung der in ihnen auftretenden Felder, wenn der Kondensator nach obigem Verfahren in wechselnder Richtung aufgeladen wird. Dies ist in Abb. 7 durch Pfeile verschiedener Richtung schematisch dargestellt. Treffen diese Störungen auf eine ebene, nicht durchdringbare Wand, so werden sie reflektiert und laufen in bekannter Weise spiegelbildlich mit sich erweiternden Kreisen zurück. In Abb. 7 sind die Störungsfronten, die bei Abwesenheit des Spiegels weiterlaufen würden, gestrichelt. Im Raum zwischen Störquelle und Wand gibt es dann zwei sich überlagernde Störungen. Charakteristisch für eine solche Überlagerung sind bestimmte Punkte, in denen sich die reflektierte Störung mit einer zu einem späteren Zeitpunkt von der Störquelle ausgegangenen Störung trifft. Es gibt dabei Punkte, die mit P_1 bezeichnet sind, in denen sich eine reflektierte Störung mit einer Störung trifft, die die *gleiche* Richtung des Feldes hat. Solche Störungen addieren sich. Diese Punkte sind daran zu erkennen, daß in ihnen die Störung zeitweise, d. h. wenn zwei Störungen sich dort treffen, besonders groß ist. Es gibt Punkte, die in Abb. 7 mit P_2 bezeichnet sind, in denen sich die reflektierte Störung mit einer Störung trifft, die entgegengesetzte Richtung des Feldes hat. Dann heben sich diese Störungen gegenseitig weitgehend auf, und in diesen Punkten tritt insgesamt eine wesentlich kleinere Störung als in allen anderen Punkten des Raumes auf. Diese charakteristischen Punkte P_1 und P_2 unterscheiden sich deutlich von ihrer Umgebung, weil sich im Fall einer periodisch wellenförmigen Ausbreitung eine Störung stets nur in ganz bestimmten Punkten mit der reflektierten Störung treffen kann.

HERTZ stellte daher in gewissem Abstand vor seinem die Störung erzeugenden Kondensator eine leitende Wand aus Zinkblech auf und konnte vor dieser Wand die Punkte P_1 und P_2 an den erwarteten Orten finden. Damit war der grundsätzliche Nachweis erbracht, daß sich elektrische Störungen allgemein mit bestimmter Geschwindigkeit ausbreiten, daß also die Voraussagen der

Maxwellschen Theorie weit über die Lichtwellen hinaus Bedeutung hatten. Grundsätzlich kann man mit Hilfe dieses Versuches sogar die Ausbreitungsgeschwindigkeit messen, wenn man den zeitlichen Abstand der von der Störquelle erzeugten, aufeinanderfolgenden Störungen kennt. Diesen Zeitabstand kannte HERTZ nicht sehr genau, jedoch hatte er gewisse theoretische und experimentelle Kenntnisse über diesen Zeitabstand, so daß bereits zu erkennen war, daß die Ausbreitungsgeschwindigkeit entsprechend der Vorhersage gleich der Lichtgeschwindigkeit war. Die bei diesen Hertzschen Versuchen verfügbaren Felder waren verhältnismäßig schwach. Ferner hat jede sich ringförmig nach Abb. 5 ausbreitende Störung die Eigenschaft, daß die Amplitude der Störung mit wachsendem Abstand vom Störungszentrum abnimmt. Die Versuche konnten daher nur in der Nähe der Störungsquelle durchgeführt werden, wenn man mit den damaligen Hilfsmitteln die Felder messen wollte. HERTZ arbeitete in einem größeren Hörsaal, in dem die reflektierende Wand einen Abstand von 13 m von der Störquelle hatte. Von der Störquelle bis zur Wand benötigt die Störung (beim Wandern mit Lichtgeschwindigkeit) eine Zeit von nur 4 Hundertmillionstel Sekunden ($4 \cdot 10^{-8}$ Sekunden). Wenn dann ein Versuch nach Abb. 7 stattfinden soll, bei dem sich in jedem Moment auf einer Strecke von 13 m mindestens zwei aufeinanderfolgende Störungen befinden müssen, so muß der Zeitabstand aufeinanderfolgender Störungen weniger als 2 Hundertmillionstel Sekunden, also extrem klein sein. Die Zeitdauer der Störung (d. h. Aufladen und Entladen des Kondensators) selbst muß dann noch kürzer sein, weil jede Störung beendet sein muß, bevor die nächste Störung beginnt. Die Voraussetzung für den Erfolg des Versuchs war daher der von HERTZ erstmalig erreichte Zeitabstand aufeinanderfolgender Störungen von etwa 1 Hundertmillionstel Sekunden, was ungefähr 1 Hundertstel der kürzesten Zeiten war, die die Vorgänger von HERTZ bei periodischen Kondensatorladungen erreicht hatten.

HERTZ benutzte als Kondensator eine Anordnung nach Abb. 8. Die Metallzylinder C und C′ stellen den Kondensator dar. Diese werden durch den Induktor A aufgeladen. Der Induktor ist in unserer heutigen Sprachweise ein Transformator, in dessen Primärspule ein Gleichstrom durch einen Unterbrecher ein- oder ausgeschaltet wird. Dadurch werden in der Sekundärspule des Transformators in den Schaltmomenten für kurze Zeit sehr hohe Spannungen erzeugt (Induktionsstoß). Durch einen solchen Spannungsstoß wird der Kondensator CC′ soweit geladen, bis in der Funkenstrecke B ein Funke entsteht, über den sich der Kondensator

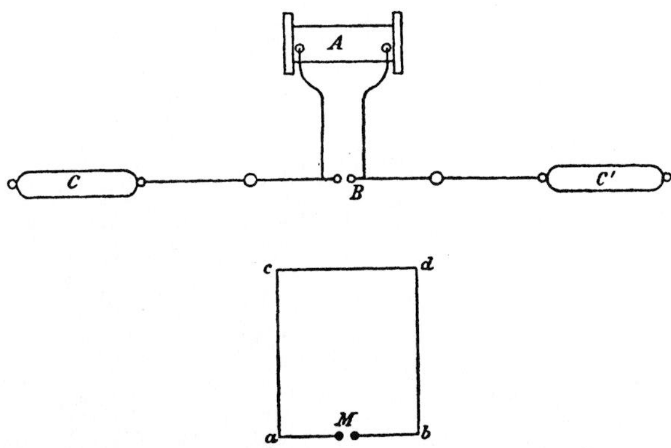

Abb. 8. Hertzscher Sender und Empfänger (Originalzeichnung aus der Hertzschen Veröffentlichung „Über sehr schnelle elektrische Schwingungen"; 1887)

wieder entlädt. Ein solcher Vorgang wäre jedoch bei weitem nicht schnell genug, um die Anforderungen des genannten Versuchs zu erfüllen. Aber schon FEDDERSEN hatte 1857 nachgewiesen, daß ein solcher Entladungsfunken kein einmaliger Vorgang ist, sondern daß jeder Entladungsvorgang aus einer Serie vieler, schnell aufeinanderfolgender Einzelfunken sehr kurzer Dauer besteht. Diese FEDDERSEN-Funkenserien konnte HERTZ so verbessern, daß die Einzelfunken der Serie die gewünschten extrem kurzen Störungen darstellten. In Hinblick auf die damals noch sehr unvollkommenen Theorien dieser Vorgänge war dies eine erstaunliche Leistung.

Man erklärt das Entstehen dieser Funkenserie nach Abb. 9 etwa so: Der Induktor A lädt anfangs den Kondensator CC′ wie in Abb. 9a auf und ist dann für die weiteren Vorgänge ohne Bedeutung. Der Entladestrom des Kondensators fließt über einen Draht und über die Funkenstrecke B auf dem Weg CBC′. Der Draht umgibt sich dabei wie in Abb. 1 mit einem magnetischen Feld.

Ist die Entladung beendet, so will der Strom aufhören. Das magnetische Feld müßte mit aufhörendem Strom ebenfalls verschwinden. Dann erzeugt aber das zerfallende magnetische Feld Selbstinduktion im Draht. Dadurch wird der Strom gezwungen, auch nach der Entladung des Kondensators in der gleichen Richtung wie vorher weiterzufließen. Dadurch lädt sich der Kondensator CC′ wieder auf, aber mit umgekehrten Ladungen, weil ja wegen der gleichbleibenden Stromrichtung positive Ladungen von links nach rechts transportiert werden und nun die Elektrode C′ die positive Ladung erhält (Abb. 9b). Wenn die Umladung des Kondensators vollzogen ist, hört der Strom und der Funken in B auf. Wenn die Spannung an dem so aufgeladenen Kondensator CC′ groß genug ist, entsteht kurz darauf ein neuer Funken in B und der Strom beginnt nun in umgekehrter Richtung als Entladestrom dieses Zustandes der Abb. 9b zu fließen. Dies führt nach dem Entladen des Kondensators durch Selbstinduktion wieder zur Aufladung des Kondensators und zum Zustand der Abb. 9a zurück. Der Kondensator entlädt sich also nochmals nach Abb. 9a über die Funkenstrecke und der gesamte Vorgang wiederholt sich. So erhält man einen periodisch oszillierenden Vorgang, der im Lauf der Zeit schwächer wird und abklingt, weil der Verbindungsdraht und die Funkenstrecke einen gewissen elektrischen Widerstand besitzen, wodurch die Schwingungsenergie des Vorgangs langsam verbraucht und in Wärme umgewandelt wird. Durch zweckmäßige Gestaltung der Kondensatorkörper C und C′ und durch Wahl der richtigen Drahtlänge CBC′ konnte die von Hertz benötigte extrem schnelle Funkenfolge erzielt werden.

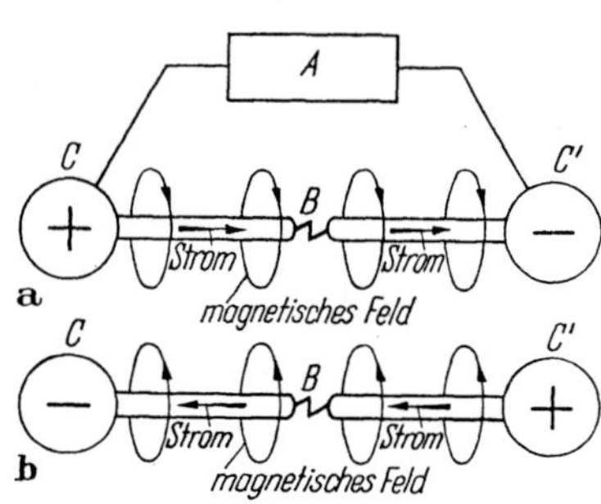

Abb. 9. Periodische Entladung eines Kondensators

Es war aber außerdem noch notwendig, die elektrischen Felder des Kondensators und die magnetischen Felder des Verbindungsdrahtes so stark zu machen, daß man sie in einer Entfernung von mehreren Metern noch nachweisen konnte. Hierzu fehlten sämtliche Hilfsmittel, die wir heute kennen und verwenden. HERTZ verwendete zum Nachweis der magnetischen Felder eine Drahtschleife (a b c d in Abb. 8 unten) mit Funkenstrecke M. Das magnetische Feld, das er messen wollte, wirkte durch Induktion auf diese Schleife und erzeugte in ihr Spannungen. Wenn er der Schleife eine bestimmte Größe gab, entstand eine Resonanz zwischen den Vorgängen in der Schleife und den Vorgängen in seinem oszillierenden Kondensatorsystem CBC'. Dadurch konnte er die Ströme und Spannungen in seinem Drahtkreis so verstärken, daß man in der mikroskopischen Funkenstrecke M im abgedunkelten Zimmer Funken erkennen konnte, wenn man sich an den Orten eines starken Feldes befand. So bestimmte er die Punkte P_1 und P_2 der Abb. 7 in seinem Raum. Man bedenke dabei, daß die Elektrotechnik erst etwa 50 Jahre später den Aufbau solcher Resonanzschleifen wirklich verstehen lernte und zur Vollkommenheit entwikkelte. Für die damalige Zeit waren erfolgreiche Versuche dieser Art eine ungewöhnliche Leistung und sehr mühsam. Heute führt man ähnliche Versuche schon im Unterricht der höheren Schulen vor.

Durch diese Versuche wurde der Wellencharakter der Ausbreitung elektromagnetischer Störungen bewiesen. In seiner berühmten Arbeit „Über Strahlen elektrischer Kraft", die er am 13. 12. 1888 der Berliner Akademie der Wissenschaften vorlegte, zeigte dann HERTZ, daß sich die von ihm entdeckten Wellen durch Parabolspiegel bündeln lassen wie das Licht in einem Scheinwerfer. Auch die Brechung der Wellen in einem Prisma aus Hartpech konnte gezeigt werden, so daß die physikalische Identität dieser Wellen mit den Lichtwellen erkennbar war.

III. Unsere heutige Auffassung von der Physik der elektromagnetischen Wellen

Trotz der geglückten Experimente blieb der Maxwellsche Verschiebungsstrom ein schwieriger Begriff, wenn er sich auch in der Fachsprache erhalten hat und als rein formaler Begriff noch heute zur Beschreibung der Vorgänge dient. Vielen wird aber dadurch das Verständnis für die elektromagnetischen Wellen sehr erschwert, so daß versucht werden soll, die Wellen völlig anders zu erklären und sich damit der Auffassung der modernen Physik zu nähern. MAXWELLS Gedanken waren etwa folgende: Alle bisher bekannten magnetischen Felder entstehen durch elektrische Ströme. Wenn also neuartige magnetische Felder entdeckt werden, z. B. bei Lichtwellen im Raum, so sind in diesem Fall neuartige Ströme die Ursachen dieser Felder. Eine solche Schlußfolgerung ist nicht zwingend, denn man hätte statt dessen auch sagen können: Es gibt offenbar zwei verschiedenartige Ursachen von magnetischen Feldern. Die eine Ursache sind die bekannten Ströme aus bewegten Ladungen; die andere Ursache (im freien Raum) ist neuartig und noch unerklärt, aber keinesfalls ein Strom. Durch eine so abgeänderte Erklärung hätte man möglicherweise damals und heute viele an sich unnötige Problematik vermieden.

In der modernen Physik erscheinen Erklärungen, die auf dem Begriff der Energie aufbauen, richtiger und im allgemeinen auch verständlicher. Die Energie ist zweifellos ein abstrakter und kein besonders anschaulicher Begriff, aber sicher nicht weniger „anschaulich" oder weniger „vorstellbar" als der Verschiebungsstrom. Überhaupt ist die Forderung nach Anschaulichkeit bei der Erklärung physikalischer Vorgänge insgesamt problematisch. Schon die Philosophen des späten Mittelalters hatten entscheidende Erkenntnisse über den Begriff der „Anschauung" oder „Vorstellung", die jahrhundertelang nur im Kreise der Philosophen näher bekannt waren, aber durch die moderne Naturwissenschaft zum Fundament des physikalischen Denkens wurden und dadurch weite Verbreitung fanden. Die Vorstellung von der uns umgebenden Welt, die wir uns bilden, ist durch die auf uns von außen einwirkenden Sinnesreize mit Hilfe unserer Sinnesorgane und unseres Gehirns *in uns* entstanden. Sie ist daher stets „anschaulich" im ureigensten Sinn dieses Wortes und eine „Vorstellung". Was die Dinge der „wirklichen" Welt „an sich" sind, wissen wir nicht, da wir sie nur auf dem Umweg über Sinnesorgane kennen lernen können. Ein grüner Baum auf einer Wiese ist in Wirklichkeit weder grün, noch ein Baum nach unserer Vorstellung, sondern eine unübersehbare Anhäufung von Molekülen, die wiederum aus anderen Bausteinen bestehen, die wir kaum noch begreifen. Diese Moleküle reagieren mit elektromagnetischen Wellen, die die Sonne als Licht aussendet, in einer unvorstellbar komplizierten Weise so, daß eine gewisse, durch die Moleküle des

Baumes beeinflußte Lichtenergie vom Baum wieder abgestrahlt wird, zum Teil in unser Auge gelangt und dort chemische und elektrische Vorgänge verursacht, die als elektrische Signale ins Gehirn laufen und in bisher ungeklärter Weise die Vorstellung „grüner Baum“ in uns erzeugen. Der grüne Baum ist „in Wirklichkeit“ eine kompliziert verteilte und kompliziert reagierende Anhäufung von Energie und Elementarteilchen, worüber wir fast nichts wissen. Trotzdem haben wir eine sehr klare „Vorstellung“ von diesem Baum in uns, und wir benötigen eine solche Vorstellung auch unbedingt, um in dieser Welt überhaupt existieren zu können.

Von denjenigen Dingen, die auf uns mit Hilfe unserer Sinnesorgane (Auge, Ohr, Tastsinn usw.) direkt einwirken, haben die Menschen seit Urzeiten stets „Vorstellungen“, die so fest in uns verankert sind, daß wir völlig vergessen, überhaupt darüber nachzudenken, was diese Dinge „in Wirklichkeit“ sind. Anders ist es bei der Entdeckung neuartiger Naturvorgänge, die unseren Sinnesorganen nicht direkt zugänglich sind, sondern uns auf dem Umweg über physikalische Meßvorgänge zur Kenntnis kommen, wie z. B. die elektromagnetischen Wellen. Elektromagnetische Vorgänge sind also prinzipiell nicht vorstellbar, weil die Natur dieses in uns nicht vorgesehen hat. Elastische Schwingungen eines Weltäthers oder Verschiebungsströme sind „Hilfsvorstellungen“, die wir ersatzweise aus einem bestimmten Bedürfnis heraus schaffen, aber grundsätzlich ohne realen Hintergrund. Solche Vorstellungshilfen können viel Schaden anrichten und für eine Weiterentwicklung der Theorien hinderlich sein. Wenn man dagegen die Begriffe der elektrischen Energie und der magnetischen Energie einführt und das Gesetz von der Erhaltung der Energie hinzunimmt, ergeben sich die Wellenvorgänge zwar unanschaulich, aber möglicherweise besser verständlich.

Durch Faraday und Maxwell wurde erkannt, daß das elektrische Feld einen speziellen Energiezustand des Raumes darstellt. Sobald elektrische Felder bestehen, enthält der Raum elektrische Feldenergie, die um so größer ist, je stärker das Feld ist. Die Feldenergie ist über den felderfüllten Raum stetig so verteilt, daß in jedem Raumteil, in dem sich elektrisches Feld befindet, sich auch die zugehörige Energiemenge befindet. Betrachtet man z. B. in

Abb. 4 einen Raumteil V, so enthält dieser eine gewisse elektrische Feldenergie, die um so größer ist, je größer die elektrische Feldstärke in diesem Raumbereich ist. Daneben gibt es noch einen andersartigen Energiezustand des Raumes, den man als den magnetischen Feldzustand bezeichnet. Überall dort, wo magnetische Felder bestehen, enthält der Raum magnetische Feldenergie, und diese ist um so größer, je stärker das Feld ist. Elektrische Feldenergie hat eine ausgeprägte Tendenz, nicht beständig zu sein, sondern zu zerfallen. Nur in einigen wenigen Fällen ist sie beständig, d. h. über einen längeren Zeitraum unverändert aufzubewahren, nämlich wenn man einen Kondensator verwendet, in dem sich das elektrische Feld befindet (z. B. Abb. 2); d. h. es müssen mindestens zwei voneinander isolierte Leiter vorhanden sein; die Feldlinien des elektrischen Feldes müssen auf diesen Leitern enden und an den Enden der Feldlinien auf den Leitern elektrische Ladungen sitzen, die ihren Ort auf dem Leiter nicht ändern. Nur unter dieser Bedingung ist das elektrische Feld zeitlich konstant, und seine Energie bleibt bestehen, solange die Ladungen auf den Leitern unverändert am gleichen Ort verbleiben. In allen anderen Fällen, z. B. wenn in einem Kondensator die Ladungen auf den Leitern ihren Ort ändern oder bei völliger Abwesenheit aller Leiter im materiefreien Raum, neigt die elektrische Feldenergie zum Zerfall. In ähnlicher Weise hat auch die magnetische Energie Zerfallstendenzen und kann ebenfalls nur in speziellen Fällen über einen längeren Zeitraum aufbewahrt werden. Nur bei Anwesenheit von Leitern, die von Gleichstrom durchflossen werden, ist das zu den Gleichströmen gehörende magnetische Feld (z. B. Abb. 1) beständig. Wenn die Ströme in den Leitern sich ändern, oder bei völliger Abwesenheit stromführender Leiter im materiefreien Raum, hat die magnetische Feldenergie ausgeprägte Neigung zum Zerfallen.

Wenn elektrische oder magnetische Feldenergie zerfällt, kann die Energie nicht verschwinden, sondern es muß nach dem Gesetz der Erhaltung der Energie statt ihrer eine andere Form von Energie gleicher Größe auftreten. Bei Anwesenheit von Materie kann beispielsweise der Zerfall der Felder zu elektrischen Strömen in der Materie führen (Ströme in Leitern bei Induktionserscheinungen, Verschiebungsströme in Nichtleitern nach Abb. 2 bei Entladung von Kondensatoren). Die damit verbundene Bewegung elektrischer Ladungen in der Materie wird infolge von reibungsähnlichen Effekten eine Erwärmung der Materie bewirken. Dies kann dazu führen, daß die vorher vorhandene elektrische oder magnetische Feldenergie in Wärmeenergie verwandelt wird. In allen anderen Fällen kann die elektrische Feldenergie bei ihrem Zerfall nur in magnetische Feldenergie verwandelt werden und umgekehrt. Insbesondere im freien Raum, wo keine Materie existiert und keine Wärme entstehen kann, wird beim Energiezerfall nur ein Übergang von elektrischer Feldenergie in magnetische Feldenergie und umgekehrt stattfinden. Da beide Energieformen im freien Raum unbeständig sind und ihre Felder zerfallen, pendelt die Feldenergie dort laufend zwischen ihrer elektrischen Form und ihrer magnetischen Form hin und her und bleibt insgesamt erhalten.

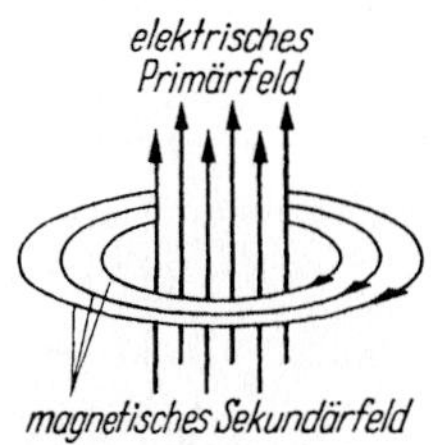

Abb. 10. Zerfall elektrischer Felder im freien Raum

Wenn im freien Raum ein elektrisches Feld (im folgenden Primärfeld genannt) existiert und anschließend zerfällt, so verlaufen nach Abb. 10 die Feldlinien des entstehenden magnetischen Feldes (Sekundärfeld genannt) senkrecht zu den Feldlinien des ursprünglichen elektrischen Feldes und umgeben dieses Feld in Form eines Ringes. Nach der Maxwellschen Beschreibungsart entsteht beim Zerfall des elektrischen Feldes ein Verschiebungsstrom längs der elektrischen Feldlinien, der sich dabei wie der Strom in Abb. 1 mit dem gezeichneten magnetischen Feld umgibt. Das entstandene magnetische Feld enthält diejenige Energie, die das elektrische Primärfeld vor dem Zerfall besaß.

Ebenso entstehen im freien Raum nach Abb. 11 beim Zerfall eines primären magnetischen Feldes sekundäre elektrische Felder, deren Feldlinien senkrecht zum Ursprungsfeld stehen und dieses ringförmig umgeben. Dies ist der bekannte Vorgang der Induktion: Normalerweise kennt man den Induktionsvorgang so, daß ein magnetisches Feld nach Abb. 12 durch das Innere einer Drahtschleife läuft und bei Änderungen des magnetischen Feldes in der Drahtschleife eine Spannung induziert wird, die zu einem Strom in dem Draht führt. Bei Abwesenheit des leitenden Drahtes entstehen durch Induktion lediglich elektrische Felder im Raum nach Abb. 11. Das sekundäre elektrische Feld enthält die Feldenergie, die das primäre magnetische Feld vor dem Zerfall besaß. Diese Zerfallprozesse führen dazu, daß sich die Energie zerstreut, also in den umgebenden Raum hinein ausbreitet. Denn das entstehende Sekundärfeld hat stets eine größere räumliche Ausdehnung als das Primärfeld. Das Sekundärfeld ist im freien Raum aber wiederum nicht beständig und zerfällt. Z. B. würde sich das ringförmige

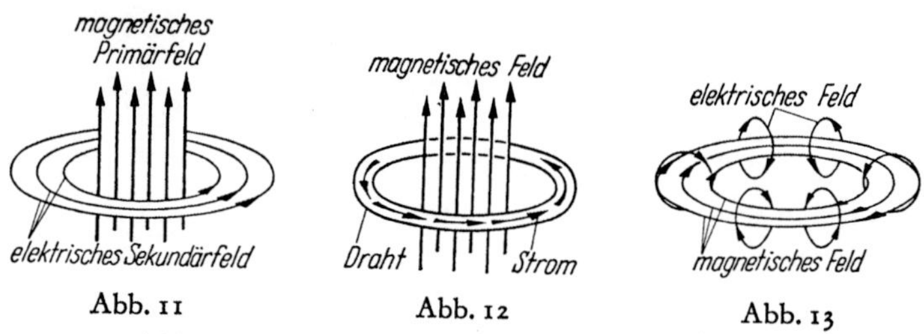

Abb. 11. Zerfall magnetischer Felder im freien Raum
Abb. 12. Induktionsvorgang in einem Drahtring
Abb. 13. Zerfall ringförmiger Felder

magnetische Sekundärfeld der Abb. 10 anschließend beim Zerfall in ein elektrisches Feld verwandeln, das den Ring des Sekundärfeldes wieder ringförmig umschließt, wie dies in Abb. 13 angedeutet ist. Das neue elektrische Feld der Abb. 13 erfüllt einen noch größeren Raum und zerfällt anschließend wieder in ein magnetisches Feld. So wird der felderfüllte Raum im Laufe der Zeit immer größer, und die Tatsache der Ausbreitung der Energie der elektromagnetischen Welle nach allen Seiten in den umgebenden Raum hinein ist erkennbar.

Es ist dadurch allerdings noch nicht erklärt, warum diese Ausbreitung in den Raum hinein mit bestimmter endlicher Geschwindigkeit (Lichtgeschwindigkeit) und nicht beliebig schnell erfolgt. Die Relativitätstheorie hat das allgemeine Gesetz entwickelt, daß die Lichtgeschwindigkeit überhaupt die höchste Geschwindigkeit ist, mit der sich Energie irgendwelcher Form ausbreiten kann. Diese ursprünglich rein theoretische Annahme findet immer mehr experimentelle Bestätigung und dürfte daher ein Grundgesetz unserer Welt sein. Denn bei allen Erscheinungen, die mit sehr hohen Geschwindigkeiten verbunden sind, sind Vorgänge anzutreffen, die ein Überschreiten der Lichtgeschwindigkeit verhindern. Bei elektromagnetischen Energiewandlungen nach Abb. 10 und 11 besitzt der Umwandlungsvorgang eine gewisse Trägheit, so daß er nicht beliebig schnell verlaufen kann. So zeigt der Zerfall der elektrischen Energie im freien Raum in Abb. 10 eine Erscheinung, der dem bekannten physikalischen Vorgang der Selbstinduktion sehr ähnlich ist und den Aufbau des magnetischen Feldes aus dem zerfallenden elektrischen Feld verlangsamt. Bei allen Induktionserscheinungen wirkt die in Abb. 3 entwickelte Naturkonstante μ_0 mit. Ebenso zeigt der Zerfall magnetischer Energie nach Abb. 11 Trägheitserscheinungen, bei denen die für den Aufbau elektrischer Felder maßgebende Naturkonstante ε_0 bestimmend ist. So kommt es, daß in der auf Seite 11 genannten Formel für die Lichtgeschwindigkeit die Größen μ_0 und ε_0 enthalten sind. Der Leser wird gestatten, daß hier nur das Prinzip angedeutet und keine Theorie dieser Vorgänge mitgeteilt wird. Man muß sogar zugeben, daß auch die Physiker die Urgründe noch nicht durchschauen, und sogar EINSTEIN hat sich jahrzehntelang bemüht, die elektromagnetischen Vorgänge in das von ihm geschaffene neue Weltbild befriedigend einzugliedern.

Noch wesentlich schwieriger ist die Frage, wie ein solcher Vorgang einzuleiten ist, d. h. wie eine elektromagnetische Welle im Raum zunächst überhaupt entstehen kann. Hierzu muß man irgendeine Feldenergie in den freien Raum hineinbringen und dort in Wellenform zerfallen lassen. Bei allen bisher bekannten Methoden benötigt man zur Erzeugung elektromagnetischer Wellen ein Gebilde aus metallischen Leitern, das man als Antenne oder Strahler bezeichnet. Das lateinische Wort „antenna“ bezeichnet ursprünglich die Fühler eines Insekts. Das Wort „Strahler“ bedeutet, daß dieses Gebilde der Ausgangspunkt lichtähnlicher Wellen ist. Die Antenne als Lichtquelle aufzufassen, die unsichtbares Licht „ausstrahlt“, ist durchaus empfehlenswert und macht viele Erscheinungen verständlich. Es gibt Richtstrahler, die wie ein Scheinwerfer die Wellen nur in bestimmte Richtungen werfen, und Rundstrahler, die wie eine Glühbirne das Licht nach allen Seiten ausstrahlen. Das Geschehen in der Umgebung des Strahlers ist wegen der Anwesenheit metallischer Leiter wesentlich komplizierter als im freien Raum und auch heute noch nicht in allen Einzelheiten durch eine exakte Theorie beschrieben. Jedoch zeigen die folgenden Überlegungen das Prinzip recht gut, wenn auch in stark vereinfachter Form.

Der einfachste Strahler entspricht auch heute noch der Hertzschen Anordnung nach Abb. 8, die man als Dipolstrahler bezeichnet. Er besteht aus einem Kondensator mit zwei Elektroden (Polen) CC′ und aus einem Draht, der die Leiter C und C′ verbindet und bei B unterteilt ist. Bei den Versuchen von HERTZ liegt bei B die Funkenstrecke, die auch spätere Experimentatoren noch lange Zeit in Ermangelung anderer Möglichkeiten verwendeten. Heute liegt zwischen den beiden Anschlüssen bei B eine Wechselstromquelle (Abb. 14), die meist „Sender“ genannt wird. Der Sender erzeugt Wechselströme der gewünschten Frequenz und lädt dadurch den Kondensator in der beabsichtigten oszillierenden Weise auf. Aus der ursprünglichen Methode, die Schwingungen durch Funken zu erregen, entstand der Name Funkentelegraphie für die ersten Verfahren zur drahtlosen Übertragung von Telegraphiesignalen. Obwohl dieses Verfahren nicht mehr als eine Notlösung der Pionierzeit war, blieben in unserem Sprachgebrauch die Worte „Funktechnik“, „Funkverkehr“, „Rundfunk“ und viele andere mit der Silbe „Funk“ als Erinnerung an diese Zeiten bestehen, obwohl sie schon lange sinnlos geworden sind und wir andere Methoden zur Aufladung des Kondensators verwenden.

Es sollen nun die Vorgänge um den Hertzschen Strahler herum mit Hilfe der neuen Betrachtungsweise der Energiewandlung erörtert werden. Hierbei soll entsprechend den modernen Verfahren der Strahler durch einen Wechselstromgenerator B angeregt werden. Der Generator erzeugt anfangs einen Strom in bestimmter Richtung nach Abb. 14a. Dadurch wird der Kondensator CC′ aufgeladen, und es entsteht zwischen C und C′ ein elektrisches Feld mit den gezeichneten Feldlinien. Der von dem Generator gelieferte Strom hört nach gewisser Zeit auf, und der Ladevorgang ist beendet. Im elektrischen Feld besteht dann elektrische Feldenergie, die der Generator geliefert hat und die sich in der Umgebung des Strahlers im Raum verteilt. Der Strom des Wechselstromgenerators B beginnt nun wieder, allerdings in umgekehrter Richtung und entlädt den Kondensator CC′ nach Abb. 14b. Die elektrische Energie des Feldes muß also wieder verschwinden. Durch die Anwesenheit des leitenden Drahtes CBC′ und der Wechselstromquelle B werden die Vorgänge beim Zerfall des elektrischen Feldes komplizierter als im freien Raum. Die elektrischen Feldlinien enden in Abb. 14a in Ladungen auf der Oberfläche der Leiter. Wandern diese Ladungen beim Entladevorgang über den Draht ab, so wandern die elektrischen Feldlinien zum größten Teil mit dieser Ladung mit, weil sie sich an den Ladungen festhalten. Dies ist in Abb. 14b für Feldlinien angedeutet, deren Ladungen sich schon im Draht befinden. Die elektrische Feldenergie wandert zum größten Teil mit diesen Feldlinien wieder in den Generator hinein, wo die Energie meist als magnetische Energie in einer Spule aufbewahrt wird bis zur nächsten Verwendung. Ein anderer Teil der früheren elektrischen Feldenergie wird magnetische Feldenergie des magnetischen Feldes, das der im Draht fließende Entladestrom um sich herum aufbaut. Lediglich für diejenigen Teile des bestehenden elektrischen Feldes, die eine größere Entfernung von dem Strahler haben und die sich daher schon annähernd im freien Raum befinden, tritt der in Abb. 10 gezeigte Zerfall zumindest teilweise so ein, daß die Feldenergie nach außen abwandert. Man sagt: Dieser Teil der Energie wird abgestrahlt.

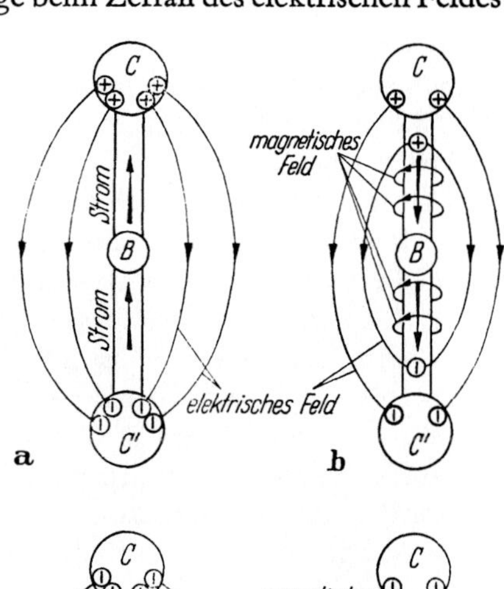

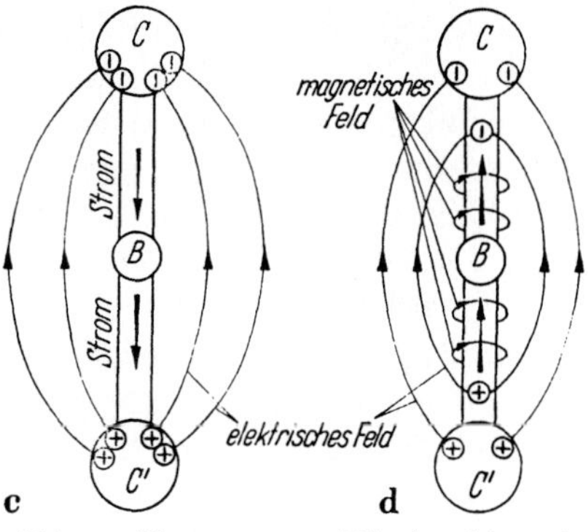

Abb. 14. Vorgänge am Dipolstrahler mit Wechselstromquelle B

Der Strom des Generators hört nach dem Entladen des Kondensators nicht auf, sondern fließt in gleicher Richtung weiter, so daß in Abb. 14c der Kondensator wieder geladen wird, jedoch in umgekehrter Richtung wie vorher. Der die Aufladung bewirkende Wechselstrom wird nach und nach kleiner und hört schließlich auf. Der Kondensator ist geladen und erzeugt ein elektrisches Feld wie in Abb. 14a, jedoch mit umgekehrter Richtung. Die für den Aufbau des neuen elektrischen Feldes benötigte Energie lieferte teils die Wechselstromquelle B, teils das magnetische Feld des Ladestroms, das bereits im Zustand der Abb. 14b existierte. Mit abnehmendem Strom mußte sein magnetisches Feld wieder zerfallen, und die Energie des magnetischen Feldes wurde dabei zum Teil durch einen Selbstinduktionsvorgang in elektrische Feldenergie des Kondensators verwandelt. Jedoch zerfiel diejenige magnetische Energie des Ladestromfeldes, die etwas weiter vom Draht entfernt war und sich daher schon annähernd im freien Raum befand, wenigstens teilweise nach Abb. 11 so, daß sie sich nach allen Seiten zerstreute, also abgestrahlt wurde. Es folgt dann aus dem Generator B ein Strom umgekehrter Richtung und die Entladung des Kondensators nach Abb. 14d mit Strömen und Feldern, deren Richtung umgekehrt ist wie in Abb. 14b. Der fortdauernde Generatorstrom erzeugt anschließend wieder die Aufladung nach Abb. 14a und der Vorgang beginnt von neuem.

Da sich diese Vorgänge periodisch mit der durch den Generator vorgeschriebenen Frequenz wiederholen, tritt laufend eine Abstrahlung elektrischer und magnetischer Energie in den Raum hinein auf, die sich ähnlich wie in Abb. 5 ringförmig ausbreitet, wobei wegen der periodischen Wiederholung des Vorgangs diese Ringe dicht aufeinander in konstanten Abständen folgen. Die Richtung der Felder wechselt von Ring zu Ring (wie in Abb. 7 für die elektrischen Felder und in Abb. 15 für die magnetischen Felder in vereinfachter Form dargestellt), weil nach Abb. 14 die Richtung der Felder im Strahler wechselt. Einen solchen Vorgang mit periodisch in wechselnder Feldrichtung aufeinander folgenden Ringen nennt man einen Wellenvorgang. Der Richtungswechsel der Felder entspricht den Bergen und Tälern einer Wasserwelle. Den Abstand zweier Ringe *gleicher* Feldrichtung nennt man die Wellenlänge der Welle (Abb. 15). Die Frequenz des Generators ist die Zahl der vollen Perioden, die der Generator pro Sekunde in dem Strahler verursacht. Die Maßeinheit für Frequenzen bezeichnet man zu Ehren des Entdeckers der elektromagnetischen Wellen mit „Hertz". 1 Hertz = 1 Schwingung pro Sekunde. Ist f die Frequenz der Schwingung, so laufen in Abb. 15 pro Sekunde f magnetische Ringe der einen Feldrichtung und f magnetische Ringe der anderen Feldrichtung vom Strahler fort. Die während einer Sekunde entstehenden Ringe bedecken also nach Ablauf dieser Sekunde einen Kreis, dessen Radius das Produkt von Frequenz f und Wellenlänge λ ist. Der Radius des Kreises ist aber auch gleich der Lichtgeschwindigkeit c_0 (300000 km pro Sekunde); $c_0 = f \cdot \lambda$. Aus diesem Gesetz kann man bei gegebener Frequenz des Senders die Wellenlänge der von ihm gesendeten Wellen dadurch berechnen, daß man die Lichtgeschwindigkeit durch die Frequenz dividiert. Ein üblicher Rundfunksender, der z. B. eine Frequenz von 1 Million Hertz besitzt, erzeugt eine Wellenlänge von 300 m. Ebenso kann man, wenn die Wellenlänge bekannt ist oder gemessen werden kann, die Frequenz dadurch berechnen, daß man die Lichtgeschwindigkeit durch die Wellenlänge dividiert. Wenn z. B. ein Fernsehsender eine Welle mit einer Wellenlänge von 3 m sendet, hat er eine Frequenz von 100 Millionen Hertz.

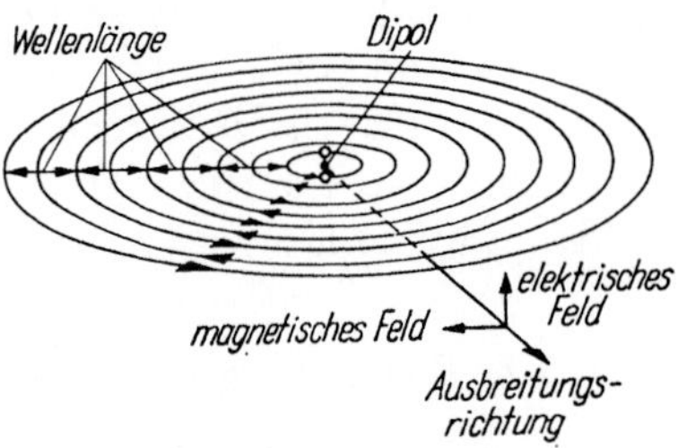

Abb. 15. Magnetisches Wellenfeld um den Dipol herum

Man kann unsere heutigen Kenntnisse so zusammenfassen: Während des Entladens des Kondensators wird elektrische Energie des zerfallenden elektrischen Feldes in den umgebenden Raum abgegeben und während des Ladevorgangs magnetische Energie des zerfallenden magnetischen Feldes. Die speisende Wechselstromquelle muß die dadurch abwandernde Energie laufend nachliefern, wenn eine Welle konstanter Amplitude entstehen soll. Beide Energieformen wandeln sich im weiteren Ablauf der Welle nach Abb. 10 und Abb. 11 immer wieder in die jeweils andere Energieform um und laufen mit Lichtgeschwindigkeit vom Dipol fort. Da in Abb. 14 die elektrischen Felder im wesentlichen von oben nach unten oder umgekehrt verlaufen, verwandeln sie sich nach Abb. 10 in magnetische Felder, die die Form waagerechter Ringe haben, also die gleiche Form wie die magnetischen Felder des Dipols in Abb. 14b und d. Die beiden Feldarten, die der Dipol abstrahlt, passen also genau zueinander. Die magnetischen Felder wandeln sich nach Abb. 13 wieder in elektrische Felder um. Die elektrischen Felder stehen senkrecht auf den magnetischen Feldern der Welle, und beide Felder stehen senkrecht zu der Richtung, in der sich die Welle ausbereitet. Dies ist in Abb. 15 unten rechts schematisch dargestellt. Das elektrische Feld der Welle hat die gleiche Richtung wie der Draht des Strahlers.

IV. Die ersten drahtlosen Übertragungsversuche

Die Idee einer Nachrichtenübermittlung durch Fernwirkung mit Hilfe elektrischer und magnetischer Felder ist sehr alt. Schon im 17. Jahrhundert hatte man die Idee, mit Hilfe sehr kräftiger Magnete Signale in die Ferne zu vermitteln, jedoch scheiterte dies an der geringen Reichweite dieser Felder. Um 1800 begann man sich der Aufgabe einer drahtlosen Übertragung ernstlich zu widmen, jedoch war dies eine Telegraphie, bei der man Flüsse, Seen oder die Erde als Leiter verwendete. Man benutzte keine Drähte, war also tatsächlich „drahtlos", hatte aber doch Leiter irgendwelcher Art. Die ersten Versuche, durch das Wasser zu telegraphieren, unternahm 1811 der Österreicher Sömmering. Der Deutsche Steinheil telegraphierte 1838 erstmalig unter Benutzung der Erde als Leiter. Historisch interessant ist, daß man bei der Belagerung von Paris 1870 versuchte, mit der eingeschlossenen Stadt durch das Wasser der Seine eine Nachrichtenverbindung zu schaffen. Echte drahtlose Übertragung ohne jede Verwendung von leitenden Stoffen wurde mit Hilfe der Induktion zwischen zwei Spulen in verschiedenster Form versucht. Nach 1880 gab es zahlreiche Erfinder und zahlreiche Experimente auf diesem Gebiet. Wenig bekannt ist, daß der englische Physiker Hughes in den Jahren 1877—1886, also *vor* den Arbeiten von Hertz, eine noch sehr primitive, aber echte drahtlose Übertragung über Strecken bis zu 500 m Länge mit Funkengenerator und antennenähnlichen Gebilden durchführte und schon Interferenzpunkte P_1 und P_2 wie in Abb. 7 fand, ohne daß diese Versuche besondere Beachtung fanden, weil man sie noch nicht recht verstand.

So waren also die Grundgedanken und die Notwendigkeit einer drahtlosen Nachrichtenübertragung längst erkannt, als HERTZ seine Versuche machte. In den Augen der Physiker lag die Bedeutung der Hertzschen Versuche vor allem in der Rechtfertigung der Maxwellschen Theorie. Viele Physiker befaßten sich daher mit Experimenten, die die lichtähnlichen Eigenschaften dieser Wellen betrafen (Mikrowellenoptik). Aber auch an eine technische Anwendung zur drahtlosen Nachrichtenübertragung dachte man schon bald. Eine der ersten gedruckten Äußerungen über die Möglichkeit drahtloser Übertragung mit den Hertzschen Wellen stammt von dem englischen Physiker CROOKES aus dem Jahre 1892. Wenn man bedenkt, daß seit dieser Zeit erst 70 Jahre vergangen sind, so erkennt man beim Lesen dieser frühen Notiz den ungewöhnlich schnellen Fortschritt unseres Wissens und Könnens. Es ist stets interessant, Prophezeiungen aus früheren Zeiten zu lesen, wenn inzwischen viele Jahrzehnte vergangen sind, wenn die damalige Zukunft nun bereits als Vergangenheit hinter uns liegt und das Ergebnis mit den damaligen Zukunftsahnungen verglichen werden kann.

Es lohnt sich, CROOKES auszugsweise zu zitieren: „Ob längere Ätherwellen, welche das Auge nicht mehr wahrnimmt, ununterbrochen um uns her in Tätigkeit sind, haben wir bis vor kurzem niemals ernstlich erforscht. Aber die Untersuchungen von HERTZ und anderen offenbaren uns eine fast unbegrenzte Fülle von Äthererscheinungen oder elektrischen Strahlen, deren Wellenlänge Tausende von Meilen bis zu wenigen Fuß betragen. Hier öffnet sich uns eine neue, staunenerregende Welt, von der wir schwerlich annehmen können, daß sie nicht auch die Möglichkeit der Übertragbarkeit von Gedanken enthalten sollte. Lichtstrahlen dringen nicht durch eine Mauer, auch nicht durch einen Londoner Nebel, wie wir alle nur zu gut wissen. Aber elektrische Wellen von einigen Fuß Länge und mehr werden solche Stoffe leicht durchsetzen; dieselben werden für sie durchsichtig sein. Setzen wir die Erfüllbarkeit weniger vernünftiger Forderungen voraus, so rückt diese Frage durchaus in den Bereich der Möglichkeit. Wir können heute

Wellen von jeder gewünschten Länge erzeugen, und eine Aufeinanderfolge von solchen nach allen Richtungen des Raumes ausstrahlenden Wellen erhalten. Es ist auch bei einigen dieser Strahlen möglich, sie durch geeignet geformte, als Linsen wirkende Körper zu brechen und so ein Bündel von Strahlen nach irgendeiner gegebenen Richtung zu werfen. Auch könnte man in der Ferne einige, wenn nicht alle dieser Strahlen mit besonders eingerichteten Apparaten auffangen und verabredete Zeichen in Morseschrift einem anderen übermitteln. Zwei Freunde, die innerhalb der Übertragungsgrenze ihrer Empfänger leben, könnten ihre Apparate auf spezielle Wellenlängen abstimmen und, so oft es ihnen gefällt, durch lange und kurze Strahlungen in den Zeichen der Morseschrift miteinander verkehren."

Man dachte zunächst nur an drahtlose Übertragung auf kurze Entfernungen. An die Überbrückung größerer Entfernungen glaubte man nicht so recht, weil die Analogie der Hertzschen Wellen mit den Lichtwellen eine geradlinige Ausbreitung dieser Wellen erkennen ließ, so daß man wegen der Erdkrümmung keine Hoffnung hatte, Wellen an Orte senden zu können, die unter dem Horizont lagen, also vom Sender aus nicht mehr gesehen werden konnten. Wir wissen heute, daß dies für die sehr hohen, von HERTZ verwendeten Frequenzen gilt, daß aber bei niedrigeren Frequenzen durch neue, erst wesentlich später entdeckte Eigenschaften der höheren Atmosphäre eine Übertragung von Wellen über die ganze Erde möglich ist. Daher geschah mehrere Jahre lang nach den Hertzschen Versuchen nichts in der Richtung technischer Anwendung, und noch viele Jahre später, als bereits die ersten erfolgreichen Sendeversuche über große Entfernungen durchgeführt waren, behaupteten bekannte Physiker immer noch, daß solche Versuche wegen der Erdkrümmung unmöglich wären. Daher ist es nicht verwunderlich, daß die ersten drahtlosen Übertragungsversuche über größere Entfernungen nicht von einem anerkannten Wissenschaftler, sondern von einem jungen Studenten, den die Bedenken der Wissenschaftler nicht abschreckten, unternommen wurden. Solche Pionierarbeit von reinen Technikern hat es in der Funktechnik auch später noch mehrfach gegeben.

Alle Versuche, die Wirkung der Wellen in größeren Entfernungen vom Sender zu studieren, scheiterten zunächst daran, daß die

Wellen mit wachsendem Abstand vom Sender schwächer werden und daß es kein Mittel gab, um sehr schwache Wellen nachzuweisen. Der erste Schritt zu einem brauchbaren Empfänger war der 1890 von dem französischen Physiker Branly gebaute und von dem englischen Physiker Lodge zu brauchbarer Form entwickelte „Kohärer", der viele Jahre lang der Hauptbestandteil der Empfänger für drahtlose Nachrichtenübermittlung war; (cohaerere, lat. = zusammenhängen). Zwei im Jahre 1894 von Lodge veröffentlichte Arbeiten über seine Versuche hatten nachweislich großen Einfluß auf die weitere Entwicklung. Abb. 16 zeigt den Kohärer in der bei den ersten drahtlosen Empfangsversuchen gebräuchlichen Schaltung, deren Grundzüge vom Russen Popoff zum Nachweis von Blitzen geschaffen worden waren. Die mit einem Blitz verbundenen elektrischen und magnetischen Felder zerfallen ähnlich wie in Abb. 10 und 11 und erzeugen kurzzeitig eine elektromagnetische Störung wie in Abb. 15, die man wegen ihrer Stärke noch in größerer Entfernung empfangen kann.

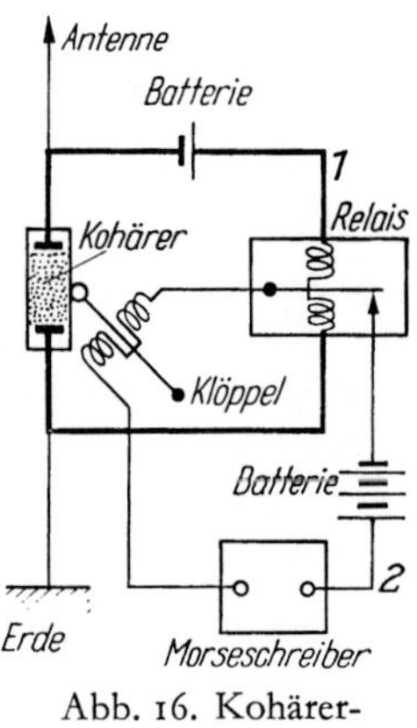

Abb. 16. Kohärerschaltung

Eine kurze Beschreibung der Abb. 16 ist interessant, um zu zeigen, wie schwierig und unvollkommen diese Technik zu realisieren war, bevor man die Elektronenröhren kannte. Der Kohärer war ein Glasröhrchen mit zwei Zuleitungen und zwei Elektroden, zwischen denen sich ursprünglich Kohlekörnchen, später Nickel- und Silberpulver befanden. Die Leitfähigkeit solcher Pulver ist gering, und durch den Kohärer fließt im Normalzustand kein Strom. Fielen Wellen auf den Kohärer, so wurden diese Körnchen durch kleine Funken miteinander verschweißt, und es entstand gute Leitfähigkeit. In einem Stromkreis *1* (Abb. 16 dick ausgezogen), der eine Batterie enthielt, floß dann ein Strom. Da dieser Strom für technisch brauchbare Wirkungen zu schwach war, schickte man ihn durch ein Relais, das hier als Vorläufer der späteren Verstärkerröhren wirkt. Dieses Relais schaltete einen Stromkreis *2* mit stärkerem Strom, der eine Klingel oder einen Schreibtelegraphen betreiben konnte. Da der Kohärer auch nach der Beendigung des Wellenvorgangs weiterhin leitend blieb, konnte man so keine Morsezeichen aufnehmen. Denn um Morsezeichen zu schreiben, mußte ja das Relais irgendwann wieder abschalten und nach einem neuen Sendesignal wieder einschalten. Daher schlägt ein vom Strom des zweiten Kreises magnetisch betätigter Klöppel gegen den Kohärer, erschüttert dadurch das Pulver und zerstört die Leitfähigkeit des Pulvers wieder. Die elektromagnetischen Wellen müssen dann also den Zustand der Leitfähigkeit laufend wieder neu schaffen, und man kann mit dieser Anordnung Morsezeichen empfangen. Es war ein äußerst mühevolles Unterfangen, einen solchen Kohärer richtig zu füllen, einzustellen und laufend betriebsbereit zu halten. Es wurden daher in der Folgezeit noch viele andere „Detektoren“ für elektromagnetische Wellen entwickelt, die meist jedoch nicht viel besser waren. Die endgültige Lösung kam erst durch die Entdeckung der Elektronenströme im Vakuum und in Halbleitern und die dann erfundenen Gleichrichter und Verstärkerröhren.

Im Hinblick auf die spätere Bedeutung der Funktechnik ist oft und eingehend die Frage erörtert worden, wer nun wirklich als erster eine drahtlose Übertragung über eine größere Distanz im Freien durchgeführt hat. Der Russe Popoff und der Italiener Marconi haben beide und zweifellos unabhängig voneinander erstmalig in der ersten Hälfte des Jahres 1895 erfolgreich experimentiert. Popoff tat den entscheidenden Schritt, seinen Empfänger mit einer Antenne zu verbinden (Abb. 16.) Er fand, daß sein Empfang wesentlich stärker wurde, wenn er den Kohärer einerseits mit einem Blitzableiter, andererseits mit der Erde verband. Popoff hat dieses bereits im April 1895 veröffentlicht, und seine Priorität hinsichtlich der Schaffung des ersten brauchbaren Empfängers ist heute anerkannt. Popoff hat auch drahtlose Signale mit Funkensendern und Antennen übermittelt. Es tat dies, um die Empfindlichkeit seiner gewitteranzeigenden Empfänger zu prüfen, ohne auf sehr große Reichweite Wert zu legen. Hierüber weiß man jedoch nicht sehr viel. Der Pionier der drahtlosen Nachrichtenübertragung über große Entfernungen war zweifellos Marconi (Abb. 17), der als Student der Physik im Alter von 20 Jahren auf dem Landgut seines Vaters auf Anregung von Righi, Professor für Physik an der Universität in Bologna, mit derartigen

Versuchen begann. Trotz aller gegenteiligen Ansichten der Fachwelt gelang ihm durch Kombination von Beobachtungsgabe, Beharrlichkeit und Glück der entscheidende Schritt. Sein Glück bestand darin, daß in der oberen Atmosphäre durch die dort sehr

Abb. 17. Marchese Dr. GUGLIELMO MARCONI

kräftige Sonnenstrahlung freie Elektronen in großer Menge entstehen, durch deren Mitwirkung elektromagnetische Wellen niedriger Frequenz im Gegensatz zu den Lichtwellen auch längs einer gekrümmten Erdoberfläche geführt werden. Hiervon wußte man jedoch damals noch nichts. Es war auch MARCONIS Glück, daß er wesentlich niedrigere Frequenzen als HERTZ verwendete und dadurch auf denjenigen Frequenzen arbeitete, die nach unserer heutigen Kenntnis die einzigen waren, mit denen man bei den damaligen Antennenformen und den damaligen Funkgeräten erfolgreich sein konnte.

Marconi verwendete als Sender wie Hertz das in Abb. 14 dargestellte Prinzip, mit Funken einen Strahler anzuregen. Seine Sendeantenne war in der einen Hälfte ein langer Draht (Luftdraht"), den er nahezu senkrecht nach oben zog, zur anderen Hälfte ein Verbindungsdraht zu einer Metallplatte in der Erde. Der Luftdraht wirkt als die eine Hälfte C des Kondensators. Die Platte in der Erde war die zweite Kondensatorhälfte C'. Diese räumlich sehr ausgedehnte Anordnung erzeugte die notwendigen niedrigen Frequenzen. Zweifellos hat Marconi die von ihm verwendeten Frequenzen anfangs überhaupt nicht messen können und auch nicht gekannt. Man muß Marconi bewundern, daß er bei einer so schwierigen Aufgabe ohne die uns heute verfügbaren Kenntnisse und mit beschränkten Hilfsmitteln zu solch ungewöhnlichen Erfolgen in so kurzer Zeit kam. Im Dezember 1894 gelang es ihm, innerhalb des Hauses über eine Entfernung von 9 m eine Klingel zum Läuten zu bringen. Am Ende des Jahres 1895 überbrückte er im Freien bereits Entfernungen von 2 km, was hauptsächlich auf die sehr mühevolle Verbesserung des Kohärers zurückzuführen war. Diese Versuche erregten das Interesse der britischen Telegrafenverwaltung, die mit dem Problem beschäftigt war, eine sichere Nachrichtenverbindung mit Leuchttürmen vor der britischen Westküste zu schaffen. Alle Kabel wurden dort durch die starke Brandung zerstört, und eigene britische Versuche einer drahtlosen Übertragung waren erfolglos, weil man ungeeignete Antennendrähte verwendet hatte. Marconi erhielt eine Einladung nach London und führte dort im Frühling 1896 eine drahtlose Übertragung mit Erfolg vor. Weitere Versuche führten im Sommer 1897 zur Überbrückung von 16 km am Bristol-Kanal.

Dadurch war die technische Brauchbarkeit des Verfahrens soweit geklärt, daß man in England die Marconi Wireless Telegraph Co. gründete, die noch heute existiert. Im Sommer 1898 waren die ersten Anlagen geliefert und drahtlose Übertragungen im offiziellen Dauerbetrieb als Verbindung zu zwei Leuchttürmen in Nordirland. Die erste drahtlose übertragene Reportage war ein Bericht über eine Segelregatta in der Irischen See, übertragen nach Dublin für eine irländische Zeitung von einem Begleitschiff. Im März 1899 wurde der englische Kanal zwischen England und Frankreich (ca. 50 km) überwunden. 1900 begann Marconi mit dem großen Projekt, den Atlantik zwischen England und Neufundland zu überbrücken (rund 3000 km). Im Hinblick auf die erheblichen Investitionen für Sender mit sehr großer Energie und wegen des Fehlens jeglicher Erfahrung bei wirklich großen Strekken kann man diesen Mut nur bewundern. Am 12. Dezember 1901 wurde das in Poldhu (England) gesendete Morsezeichen S (3 Punkte) in Neufundland deutlich empfangen. Als Empfangsantenne diente ein Draht von etwa 200 m Länge, der von einem Drachen gehalten wurde. Im Dezember 1902 war auch die Richtung von Kanada nach England betriebsbereit und bis Mitte Januar wurden schon 40 Telegramme übertragen. Wahrlich ein Erfolg!

Es wurde damals bereits an vielen Stellen experimentiert, und insbesondere in Deutschland waren erhebliche Fortschritte bei der Verbesserung der Geräte und dem Ausbau des wissenschaftlichen Fundaments zu verzeichnen. Slaby, Professor der Elektrotechnik an der Technischen Hochschule Berlin, hatte nach eigenen erfolglosen Versuchen an Marconis Versuchen am Bristol-Kanal teilgenommen, dann die Versuche in Berlin selbst wiederholt und die Konstruktion des Senders verbessert. Slaby erreichte im Oktober 1897 eine Reichweite von 21 km. Braun, Professor für Physik an der Universität Straßburg (Abb. 18), unternahm ebenfalls eigene Versuche, verbesserte den Sender weiter und ersetzte den Kohärer des Empfängers durch einen Gleichrichter, damals ein „Kristalldetektor", bestehend aus einem Halbleiterkristall mit aufgesetzter Spitze. Diese Fortschritte waren sehr bedeutungsvoll. Man kann ihren entscheidenden Einfluß daran ermessen, daß Braun zusammen mit Marconi 1909 den Nobelpreis für Physik erhielt. Kaiser Wilhelm II. nahm lebhaften Anteil an diesen Arbeiten, wobei für ihn die militärische Bedeutung dieses neuen Nachrichtenverfahrens zweifellos entscheidend war. Eine Funkverbindung mit den Kolonien und mit deutschen Kriegsschiffen im Ausland, aber auch allgemein die Nachrichtenverbindungen der Armeen mit der Führung in einem großräumigen Krieg erschienen als wichtiges Ziel. Nun stand Slaby in wirtschaftlichem Zusammenhang mit der Allgemeinen Elektrizitätsgesellschaft (AEG), während Braun wirtschaftlichen Kontakt mit Siemens hatte. Dies führte nicht nur zu technischen Kontroversen, sondern auch zu schwierigen Kompetenzfragen bei den Behörden.

Um diese Schwächung der deutschen Position, die die erfolgreiche Marconi-Gesellschaft als Konkurrent in der ganzen Welt hatte, zu beseitigen, wurde unter dem Druck des Kaisers 1903 durch einen Vertrag die Firma „Telefunken, Gesellschaft für drahtlose Telegraphie m.b.H." gegründet, in der die beiden technischen

Abb. 18. Prof. Dr. phil. FERDINAND BRAUN

Systeme vereinigt wurden und in der AEG und Siemens als geschäftliche Partner vertreten waren. Die deutsche Position wurde dadurch so gefestigt, daß die Marconi-Gesellschaft und Telefunken den Weltmarkt etwa zu gleichen Teilen für längere Zeit nahezu beherrschten. Im Jahre 1909 waren von den 1600 bereits auf der Erde befindlichen Funkeinrichtungen etwa je 700 von Marconi und von Telefunken gebaut.

Man kann also insgesamt das Jahr 1903 als den Übergang von dem physikalischen Experiment zur technischen Anwendung der drahtlosen Übertragung bezeichnen.

V. Die technischen Grundlagen des Sendens und Empfangens

Bevor verständlich wird, in welchen Formen die drahtlose Übertragungstechnik heute auftritt, müssen die technischen Grundlagen erörtert werden. Hieraus ergeben sich Grenzen und Möglichkeiten, Bedingungen und Vorschriften, aus denen sich die Vielfalt der heutigen Anwendungen systematisch ableitet. Hierzu gehören die hochfrequenztechnischen Probleme des Gerätebaus, also der Sender und der Empfänger, Fragen der zweckmäßigen Gestaltung der Antennen der Sendestationen und der Empfangsstationen und als besonders wichtiges Merkmal die Eignung der sehr kompliziert aufgebauten Erdatmosphäre für die Fortpflanzung elektromagnetischer Wellen in den verschiedenen Frequenzbereichen (Abschn. VI). Das Arbeitsgebiet der Funktechnik als Ganzes zeigt wie kaum ein zweites Gebiet der Technik, wie hier von den ersten Anfängen bis heute Wissenschaft und Technik miteinander verknüpft sind und sich gegenseitig befruchten. Zu allen Zeiten waren tiefgehende wissenschaftliche Probleme zu lösen; eine Fülle ungelöster Probleme liegt noch vor, und nahezu alle Gebiete der Physik sind an dem Gesamtkomplex beteiligt.

A. Technische Formen der Sender

Als Sender bezeichnet man die Wechselstromquelle (B in Abb. 14), die die Ströme in der Antenne erzeugt. Da wir uns hier vorwiegend mit den elektromagnetischen Wellen befassen wollen, sollen die Probleme der Sender nur kurz gestreift werden. Natürlich haben sie für unser Thema eine gewisse Bedeutung, denn man kann nur mit solchen Frequenzen im Raum erfolgreich operieren, bei denen man Antennen mit hinreichend großen Strömen speisen kann.

Zunächst spielte der Funkensender nach Hertzscher Art die Hauptrolle. Er wurde von Braun 1898 durch eine entscheidende Erfindung von bleibender Bedeutung, nämlich einen Zwischenkreis nach Abb. 19 verbessert. Die Funkenstrecke F liegt nun nicht mehr in der Antennenleitung, sondern an einem Resonanzkreis mit sehr großer Kapazität C_1. Der wesentliche Fortschritt ist, daß dieser Kondensator bei der Aufladung durch den Induktor bei gleicher Ladespannung mehr Ladung, also mehr elektrische Energie aufnehmen kann als die kleinen Kapazitäten der Antennen von HERTZ oder MARCONI. Dadurch werden auch die Entladeströme größer, und es kann größere Energie pro Entladung abgegeben werden, ohne daß die Ladespannung erhöht werden muß. Man vermeidet dadurch die extrem hohen Spannungen, die MARCONI in seinen größten Sendern benötigte, um in der kleinen Kapazität seines Antennensystems große Energie unterzubringen. Die Schwingfrequenz wird durch den Kondensator C_1 und die Spule L_1 bestimmt (primärer Resonanzkreis). L_1 bildet mit einer Sekundärspule L_2 einen Transformator, der die eigentliche Antenne speist (Sekundärkreis). Der Braunsche Sender fand weitgehende Anwendung, und der Gedanke, einen Zwischenkreis zwischen die Antenne und den Schwingungserzeuger zu schalten, wird noch heute in allen Sendern in ähnlicher Form angewendet. Der Funkensender wurde dann in der Folgezeit zwar noch weiter verbessert, aber bald durch andere Verfahren verdrängt. In späterer Zeit benutzte man manchmal Funkensender für die Erzeugung extrem hoher Frequenzen, solange es keine besseren Methoden gab, oder wenn man einen sehr einfachen Sender geringer Qualität brauchte. Es ist vielleicht interessant, daß im 2. Weltkrieg in Deutschland nochmals versucht wurde, Funkensender sehr hoher Frequenz zu bauen, um die gegnerischen Radargeräte in den Bombern beim Anflug über Deutschland zu stören. Dies erschien als der einfachste Weg, Störsender schnell und in großen Mengen trotz der weitgehend zerstörten Produktionsstätten zu bauen. Für einen ernsthaften Erfolg war es jedoch zu spät.

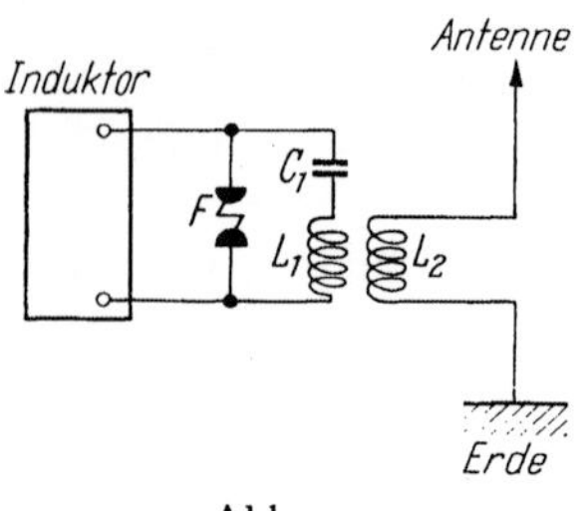

Abb. 19.
Sender mit Zwischenkreis

Der wesentliche Nachteil aller Funkensender ist die Tatsache, daß die Amplitude der angeregten Schwingung nach dem ersten Entladungsstoß mit der Zeit abnimmt und die Schwingung schließlich aufhört, weil sich die durch den Induktor in den Kondensator gelieferte Energie teils durch Abstrahlung über die Antenne, teils durch Übergang in Wärmeenergie des Funkens verbraucht hat. Eine solche abklingende Schwingung verläuft wie die in Abb. 22 ausgezogene Kurve. Dann mußte ein neuer Aufladungsvorgang durch den Induktor eingeleitet werden. Dies ergibt unzusammenhängende Schwingungen wechselnder Amplitude. Das Ganze war ein etwas undefinierter Vorgang und bei fortschreitenden Anforderungen der Technik nicht befriedigend. Man suchte daher nach Methoden, die eine ununterbrochene Schwingung konstanter Amplitude ergaben. Die erste Methode verwendete rotierende elektrische Wechselstromgeneratoren der gleichen Art, wie sie in der Starkstromtechnik für niedrige Frequenzen bereits üblich waren, hier lediglich für höhere Frequenzen. Die erste Maschine dieser Art mit einer Leistung von 2,5 Kilowatt baute der Amerikaner FESSENDEN 1906. Aber auch bei Verwendung von Spezialschaltungen erreichte man in technisch einwandfreier Form bestenfalls Frequenzen von 100000 Hertz, weil Maschinen wegen des Zerreißens ihrer Teile bei zu hoher Fliehkraft nicht beliebig schnell rotieren können. Diese „Maschinensender" eigneten sich aber für die im damaligen Transozeanverkehr verwendeten niedrigen Frequenzen sehr gut und beherrschten diese Sendertechnik mehr als 20 Jahre, weil man sie für sehr große Leistungen bauen und dadurch Entfernungen bis zu 20000 km überbrücken konnte. In der deutschen Sendestation Nauen standen Hochfrequenzmaschinen mit einer Nutzleistung von 700 Kilowatt, die hinsichtlich der Leistung alle anderen Verfahren für lange Zeit übertrafen. Abb. 20 zeigt eine große Hochfrequenzmaschine in der Station Nauen. Die Maschinensender erreichten 1925 ihre höchste Blüte. Nachdem man aber erkannt hatte, daß man den Transozeanverkehr bei Frequenzen von etwa 10 Millionen Hertz (Kurzwellen) mit wesentlich geringerem Aufwand und größerem Erfolg durchführen konnte, sank die Bedeutung der Maschinensender schnell ab, weil man höhere Frequenzen nur mit Elektronenröhren erzeugen konnte.

Neben den Maschinensendern entwickelte man Verfahren zur Erzeugung von Dauerschwingungen nach dem Prinzip der Selbsterregung, das heute fast ausschließlich verwendet wird. Das erste

Verfahren dieser Art wurde von dem Amerikaner DUDDEL 1899 erfunden, der Lichtbogengenerator. Wenn dieses Verfahren auch heute wieder verlassen wurde, hat es doch große Bedeutung gehabt. Es soll hier auch deswegen kurz erklärt werden, weil an diesem Beispiel das Verfahren der Selbsterregung sehr einfach erläutert werden kann. Abb. 21 zeigt eine Gleichspannungsquelle,

Abb. 20. 400-Kilowatt-Hochfrequenzmaschine in Nauen (Werkphoto Telefunken)

die über Drosseln einen Lichtbogen B speist. Dem Lichtbogen ist (wie in Abb. 19 der Funkenstrecke F) ein Resonanzkreis aus Kondensator C_1 und Spule L_1 parallelgeschaltet. An die Spule L_1 kann man die Antenne mit einer Sekundärspule ankoppeln. Der Lichtbogen entsteht in dem Luftraum zwischen zwei Kohlestäben wie in der bekannten Bogenlampe, die früher als starke Lichtquelle oft verwendet wurde. Bei sehr hoher Temperatur wird die Luft leitend. Wenn die Luft zwischen den Kohlestäben durch einen Zündvorgang einmalig auf hohe Temperatur gebracht wird, leitet sie den Strom. Liegt dann zwischen den Kohlestäben eine elektrische Spannung, so fließt durch die heiße Luft ein Strom zwischen den Kohlestäben. Dieser Strom heizt die Luft auf, so daß sie leitend bleibt und der Lichtbogen dauernd brennt.

Dieser Lichtbogen hat eine merkwürdige Eigenschaft. Während bei jedem normalen Widerstand die an dem Widerstand liegende Spannung nach dem bekannten Ohmschen Gesetz wächst, wenn der Strom durch den Widerstand zunimmt, ist es beim Lichtbogen umgekehrt. In der stark erhitzten Luft des Lichtbogens nimmt mit wachsendem Strom die Spannung zwischen den Kohleelektroden ab, weil die Leitfähigkeit der Luft mit wachsendem Strom, d. h. mit wachsender Temperatur immer besser wird. Man nennt ein Gebilde mit einem solchen Verhalten heute einen „negativen" Widerstand. In Abb. 21 fließt durch die Drosseln aus der Gleichspannungsquelle stets ein gleichbleibender Strom i, da die hohe Selbstinduktion der Drosseln Änderungen dieses Stromes weitgehend verhindert. Dieser Strom i verteilt sich auf zwei Wege: Der Teil i_1 fließt in Abb. 21a durch den Lichtbogen, der Teil i_2 lädt den Kondensator C_1 auf, wenn der Lichtbogenstrom i_1 kleiner als der zugeführte Strom i ist. i_2 ist dann der Überschuß, den der Strom i über den Bedarf i_1 des Lichtbogens hinaus besitzt. Wenn der Lichtbogenstrom i_1 dagegen größer ist als der zugeführte Gleichstrom i, fließt der Strom i_2 nach Abb. 21b in entgegengesetzter Richtung, und der Kondensator wird entladen. i_2 muß dann den Bedarf decken, den der Lichtbogenstrom i_1 über den verfügbaren Strom i hinaus hat. Nach den vorhergehenden Erklärungen tritt im Lichtbogen folgendes auf: Kleiner Strom bei großer Spannung, großer Strom bei kleiner Spannung. Im Fall der Abb. 21a besteht kleiner Strom i_1, also große Spannung u am Lichtbogen, im Fall der Abb. 21b großer Strom i_1 und kleine Spannung u am Lichtbogen. Diese Spannung u liegt aber auch an dem aus L_1 und C_1 bestehenden Resonanzkreis. Wenn nun in irgendeinem Moment an diesem Kreis bereits eine große Spannung u liegt, tritt der Fall der Abb. 21a ein; es fließt Strom i_2 in den Kreis hinein, der Kondensator wird zusätzlich geladen, und die

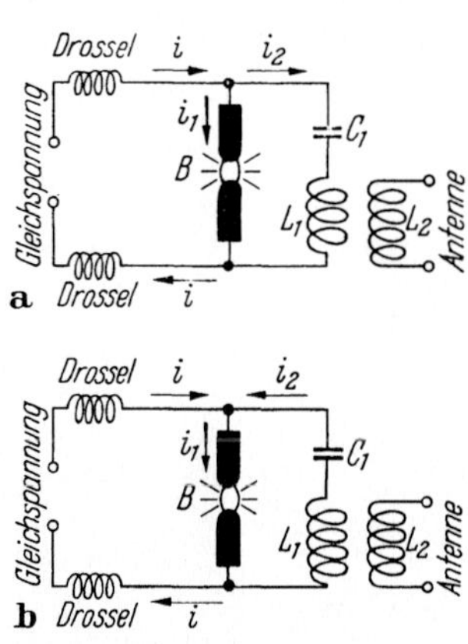

Abb. 21. Lichtbogenschaltung

große Spannung u steigt weiter an. Wenn dagegen an diesem Kreis eine kleine Spannung liegt, fließt nach Abb. 21 b Strom i_2 aus dem Kreis heraus, der Kondensator wird entladen, und die Spannung u wird noch kleiner.

Wenn der Kondensator C_1 zu Beginn des Vorgangs einmalig aufgeladen wird, entlädt er sich über den Lichtbogen und die Spule L_1 oszillierend wie beim Funkensender in Abb. 19. Dann würde die Spannung u nach den bisherigen Überlegungen im Lauf der Zeit eine abklingende Schwingung nach Abb. 22 (ausgezogene Kurve) durchmachen und sich einem konstanten Wert nähern, nämlich der Spannung der speisenden Gleichspannungsquelle. Da aber der Lichtbogen kleine Spannungen am Kreis verkleinert, große Spannungen am Kreis vergrößert, werden bei Anwesenheit des Lichtbogens die Maxima der Schwingung in Abb. 22 durch die Lichtbogenwirkung nach der gestrichelten Kurve erhöht und die Minima vertieft. Dadurch läßt sich bei richtiger Einstellung des Lichtbogens das Absinken der Schwingungsamplitude beseitigen und eine Dauerschwingung konstanter Amplitude einstellen. Wenn die Schwingungen hohe Frequenz haben sollen, also der Lichtbogen in schneller Folge *wechselnd* nach Abb. 21 a Maxima anheben und nach Abb. 21 b Minima vertiefen soll, muß der Lichtbogen entsprechend schnell reagieren und seine Leitfähigkeit schnell ändern können. Da die Leitfähigkeit der glühenden Luft im Lichtbogen von der Temperatur abhängt, kann sich die Leitfähigkeit nur dann schnell ändern, wenn sich die Temperatur des Lichtbogens schnell ändern kann. Es gelang dem Dänen POULSEN 1902 durch besondere Kühlungsmaßnahmen die im Lichtbogen entstehende Wärme schnell abzuführen und dadurch schnelle Reaktionsfähigkeit zu erzeugen. Lichtbogensender mit Leistungen bis zu 500 Kilowatt sind lange Zeit erfolgreich an vielen Stellen in Betrieb gewesen; jedoch konnte man auch mit dem Lichtbogen

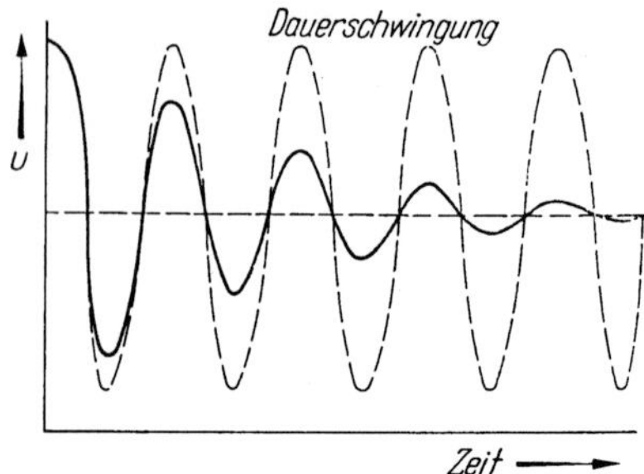

Abb. 22. Abklingende und konstante Schwingung

wegen der nicht völlig zu beseitigenden Wärmeträgheit keine sehr hohen Frequenzen erzeugen. So blieb die Funktechnik zunächst auf niedrigere Frequenzen beschränkt.

Der endgültige Fortschritt, der im Lauf der Entwicklung Frequenzen bis zu 100 Milliarden Hertz zu erzeugen gestattete, kam durch die steuerbare Elektronenröhre, die auch heute noch die Sendertechnik fast ausschließlich beherrscht. EDISON entdeckte 1883 beim Experimentieren mit Glühlampen, daß in einem luftleeren Glaskolben zwischen einem Draht (Kathode genannt) und einem Blech (Anode genannt) Ströme fließen, wenn der Draht glüht. EDISON sah keine kommerzielle Anwendung für seine Erfindung und hat die Angelegenheit später wieder vergessen. RICHARDSON fand 1901, daß dieser glühende Draht negativ geladene Elektronen aussendet, die zur Anode wandern, wenn man zwischen Anode und Kathode eine Spannung U legt und der positive Pol der Spannung an der Anode liegt. Abb. 23 zeigt diesen Vorgang schematisch in der heute üblichen Darstellung. Ein solches Gebilde nennt man eine Diode, eine Elektronenröhre mit zwei (Di-)Elektroden. Der Strom kann außerhalb der Röhre in der Anschlußleitung der Spannung U gemessen werden. Verschiedene Forscher machten Versuche, den Elektronenstrom der Diode zu beeinflussen, insbesondere seine Größe durch Maßnahmen von außen her zu ändern. Das Ziel war, einen Verstärker für die schwachen Ströme des Telefonierens auf Leitungen zu finden, um dadurch über größere Entfernungen auf Drahtleitungen telefonieren zu können. 1907 meldete der Amerikaner DE FOREST ein Patent über einen steuerbaren Strom an, bei dem der Elektronenstrom der Diode durch ein elektrisch geladenes Gitter tritt und durch eine Spannung an diesem Gitter in seiner Größe beeinflußt werden kann. Diese Erfindung war der Ausgangspunkt der modernen Elektronik und enthielt bereits die wesentlichen Bestandteile der heutigen Elektronenröhre. Diese Röhren nennt man Trioden, weil sie drei (Tri-) Elektroden enthalten. Die ersten

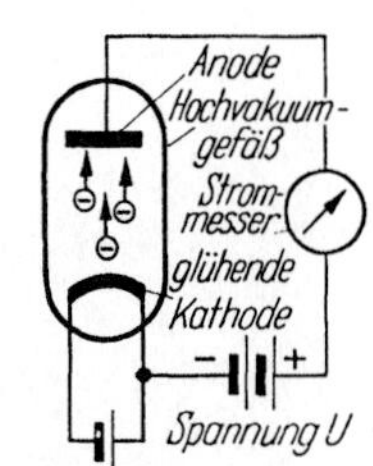

Abb. 23. Diode (schematisch); die kleinen Kreise mit dem Minuszeichen in der Röhre sollen die Elektronen andeuten

praktisch brauchbaren Trioden gab es ziemlich gleichzeitig in den USA und in Deutschland im Jahre 1912, wobei sich die deutschen Firmen auf ein im Jahre 1910 angemeldetes Patent des Österreichers v. Lieben stützten. Abb. 24 zeigt eine solche Lieben-Röhre aus der frühen Zeit und Abb. 25 ihren Aufbau in vereinfachter Form. Der untere kugelförmige Teil der Röhre hatte anfangs noch das typische Aussehen einer elektrischen Glühlampe.

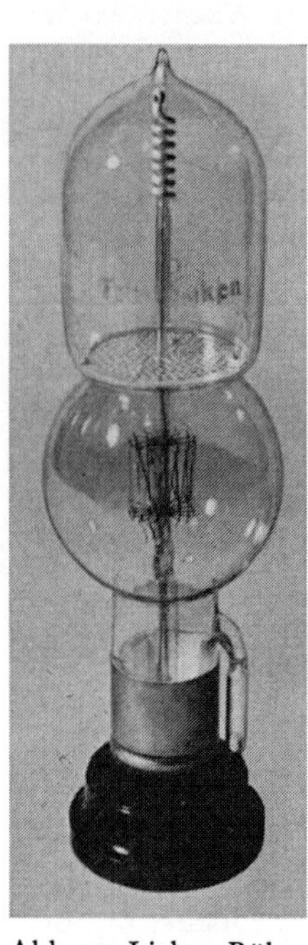

Abb. 24. Lieben-Röhre (Photo: Deutsches Museum, München)

Abb. 25 zeigt die einfachste Schaltung zur Erregung eines Resonanzkreises (Spule L_1 und Kondensator C_1) mit Hilfe einer steuerbaren Elektronenröhre. Wie beim Lichtbogen lautet die Bedingung zur Erzeugung einer Dauerschwingung mit gleichbleibender Amplitude: Liegt zwischen Kathode und Anode eine hohe Spannung, so soll die Röhre einen kleinen Strom durchlassen. Ist dagegen diese Spannung klein, so soll die Röhre großen Strom durchlassen. Wenn der Kondensator C_1 des Resonanzkreises in irgend einer Weise einmal aufgeladen wird, so würde der Entladevorgang über die Spule L_1 ohne die Elektronenröhre eine abklingende Schwingung wie in Abb. 22 (ausgezogene Kurve) ergeben. Eine nach obiger Vorschrift gesteuerte Röhre kann dagegen die Maxima der Schwingung abheben und die Minima senken (wie in Abb. 22 gestrichelt), also die einmalig angestoßene Schwingung mit konstanter Amplitude weiter schwingen lassen, wie es beim Lichtbogen bereits erläutert wurde. Hierzu ist lediglich erforderlich, daß dann, wenn die Spannung der Anode anwächst, die Spannung am Steuergitter zunehmend negativ wird, der Strom durch die Röhre also kleiner wird. Ebenso muß bei sinkender Spannung der Anode die Spannung am Gitter weniger negativ werden, also der Strom durch die Röhre größer werden. Es gibt heute viele Methoden, einen Resonanzkreis mit Hilfe einer steuerbaren Röhre zu einer Dauerschwingung zu bringen. Man kann

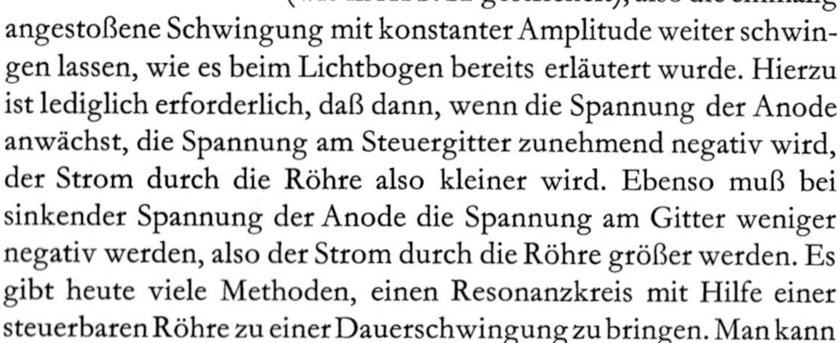

die Steuerspannung aus irgend einer anderen Wechselspannungsquelle gewinnen, sofern diese die richtige Frequenz hat (Abb. 25). Man nennt dies Fremderregung. Wenn man aber die für das Gitter erforderliche Steuerspannung aus dem eigenen Resonanzkreis der Schaltung gewinnt, spricht man von Selbsterregung.

Durch den oszillierenden Lade- und Entladevorgang des Kondensators entsteht am Kondensator C_1 eine Wechselspannung konstanter Amplitude und konstanter Frequenz, die geeignet ist, Wechselstromleistung einem angeschlossenen Verbraucher (z. B. der Antenne) zuzuführen. Der in Abb. 25 gezeichnete Widerstand R stellt symbolisch diesen Verbraucher dar, der aber auf verschiedenste Weise (z. B. über einem Transformator wie die Antenne in Abb. 21) an den Kreis angeschlossen werden kann. Im Falle der Fremderregung der Abb. 25 wird die steuernde Wechselspannungsquelle nur wenig Leistung zur Steuerung der Röhre aufwenden müssen, und die im Nutzwiderstand R entstehende Leistung ist dann wesentlich größer als die Steuerleistung. Man nennt daher die fremdgesteuerte Schaltung auch einen Leistungsverstärker.

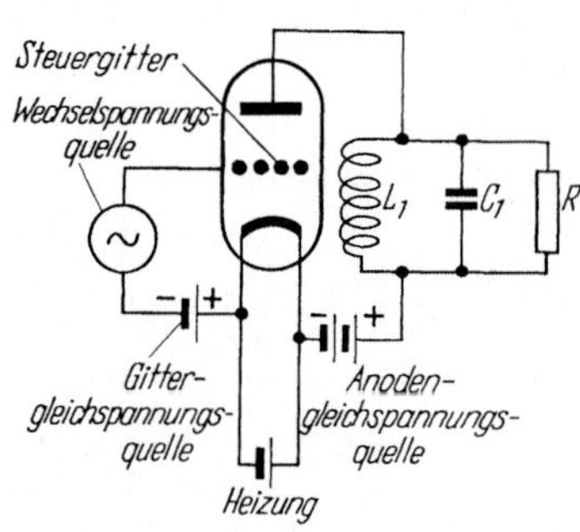

Abb. 25. Fremderregte Schwingschaltung

Obwohl die Elektronenröhre 1907 erfunden wurde, dauerte es noch lange Zeit, bis Röhren für große Leistungen entwickelt waren. Da Leistung das Produkt von Strom und Spannung ist, bestand die eine Aufgabe darin, Glühkathoden für große Elektronenströme zu bauen. Als Beispiel sei erwähnt, daß eine der größten, jemals gebauten Senderöhren für eine Nutzleistung von 300 Kilowatt als Kathode einen Zylinder von 70 cm Länge und 4 cm Durchmesser hatte. Eine solche Kathode liefert Elektronenströme von 30 bis 100 Ampere zur Anode. Die genannte Röhre war 1,70 m hoch. Zum Heizen dieser Kathode benötigte man einen Strom von 1800 Ampere und eine Heizleistung von mehr als 30 Kilowatt. Man bekommt einen Eindruck von diesem Verbrauch an Heizleistung für eine solche größere Kathode, wenn man bedenkt, daß 30 Kilowatt ausreichen, um ein Einfamilienhaus im Winter zu heizen. Diese Kathodenheizung ist ein großes Problem, weil einerseits der Heizstrom hohe Betriebskosten verursacht, andererseits die gesamte Apparatur dadurch im Lauf einer längeren Betriebszeit erheblich aufgeheizt wird.

Neben dieser Kathodenheizung gibt es noch ein weiteres Wärmeproblem in diesen Röhren. Wenn die Senderöhre eine Wechselstromenergie an den Verbraucher abgibt, so kann diese Energie wegen des Gesetzes der Erhaltung der Energie nicht von der Röhre erzeugt werden, sondern sie muß in irgendeiner anderen Form schon vorher vorhanden sein und der Röhre zugeführt werden. Der Lieferant dieser Energie ist die Gleichspannungsquelle des Anodenstromkreises, die in Abb. 25 als Batterie gezeichnet ist, die aber normalerweise eine Gleichrichteranlage ist, die aus dem Wechselstromnetz Gleichspannung durch Gleichrichtung gewinnt. Die Elektronenröhre wandelt also mit Hilfe ihres Steuervorgangs die von der Gleichspannungsquelle gelieferte Energie in Wechselstromenergie um, die dem Verbraucher *R* zufließt. Alle technischen Energiewandlungsprozesse sind unvollkommen insofern, als nicht die gesamte zugeführte Energie in die neue Nutzform verwandelt wird. Eine Elektronenröhre wandelt erfahrungsgemäß bestenfalls 80% der zugeführten Gleichstromenergie um. Die restlichen 20% der zugeführten Energie können nicht verloren gehen, sondern werden in Wärme verwandelt. Derartiges geschieht bei den meisten technischen Prozessen (z. B. Automotor, in dem neben der gewünschten mechanischen Energie stets überflüssige Wärmeenergie entsteht, die man durch Kühlvorgänge entfernen muß). Im Falle der Elektronenröhre findet man diese Wärmeenergie auf der Anode, weil die von der Kathode kommenden Elektronen durch die positive Spannung der Anode angezogen, also beschleunigt werden. Die Elektronen treffen daher auf die Anode mit gewisser kinetischer Energie auf, und diese Energie wird dort beim Eindringen der Elektronen in das Anodenmetall in Wärme umgewandelt. Eine Senderöhre, der man 100 Kilowatt Gleichstromleistung zuführt, ergibt also etwa 80 Kilowatt Nutzleistung, die die Antenne ausstrahlen kann, während 20 Kilowatt als „Verlustleistung“ die Anode aufheizen.

Um die Zerstörung der Anode durch Verglühen zu vermeiden, muß man Kühlungsmaßnahmen schaffen, die laufend die entstehende Wärmeenergie von der Anode wieder fortschaffen. Wenn sich die Anode im Hochvakuum befindet, wird sie glühend rot und gibt die Wärmeenergie durch Wärmestrahlung an den Außenraum ab. Telefunken entwickelte schon während des ersten Weltkrieges als damalige Höchstleistung eine strahlungsgekühlte Senderöhre für 1,5 Kilowatt Nutzleistung und produzierte 1918 bereits pro Tag 100 Senderöhren verschiedener Größe. Später steigerte man die Nutzleistung dieser Röhrentypen bis etwa 10 Kilowatt. Bei besonders konstruierten Röhren kann man die Anode von außen durch Ventilatoren anblasen und erhält „luftgekühlte" Röhren, die heute für Nutzleistungen bis 50 Kilowatt bekannt sind. Man kann die Anode auch mit Wasser kühlen und erhält noch bessere Kühlmöglichkeiten. Der Anodenzylinder steht dann in einem großen Gefäß mit Wasser, das durch die heiße Anode erwärmt wird und langsam verdampft (Verdampfungskühlung) oder wie in einer Zentralheizung über ein Röhrensystem laufend abgeführt und durch kaltes Wasser ersetzt wird (Umlaufkühlung). Abb. 26 zeigt wassergekühlte Leistungsröhren eines großen Runfunksenders. Es haben derartige Röhren mit Nutzleistungen bis 800 Kilowatt existiert.

Es war noch ein mühsamer Weg von den ersten Senderöhren für niedrige Frequenzen zu Senderöhren für immer höhere Frequenzen. Auch die Weiterentwicklung der Resonanzkreise bis zu den höchsten Frequenzen steckte voller Probleme. Aber die Entdeckung der vorzüglichen Anwendbarkeit der Kurzwellen für die drahtlose Überbrückung sehr großer Entfernungen forderte nachdrücklich Röhren und Resonanzkreise großer Leistung bis zu Frequenzen von 30 Millionen Hertz. Diese Entwicklung konnte man bis 1940 ziemlich abschließen. Vorzugsweise durch militärische Aufgaben und insbesondere durch die Militärluftfahrt wurde dann seit 1935 die Technik noch höherer Frequenzen mit Nachdruck vorangetrieben. Es entstand die Ultrakurzwellentechnik und später die Mikrowellentechnik, nachdem Hertz bereits 50 Jahre vorher erstmalig in diesem Frequenzbereich experimentiert hatte. Der wesentliche Fortschritt der Zwischenzeit lag zweifellos auf dem Gebiete der Schwingungserzeugung, die eine Voraussetzung wirklicher technischer Anwendungen war. Das Prinzip der gittergesteuerten Elektronenröhre blieb trotz der wechselnden äußeren Form der Röhren zunächst erhalten. Die deutsche Entwicklung führte z. B. 1944 zu Radarsendern hoher

Abb. 26. Wassergekühlte Röhren eines großen Rundfunksenders (Werkphoto Telefunken)

Leistung mit gittergesteuerten Trioden bei Frequenzen von 3 Milliarden Hertz. In USA verwendete man 1950 gittergesteuerte Sender für transkontinentale Nachrichtenübertragung bei Frequenzen von 4 Milliarden Hertz.

Jenseits dieser oberen Frequenzgrenze versagt jedoch die Gittersteuerung, weil die Elektronen in der Röhre von der Kathode zur

Anode zu langsam laufen, also für extrem schnelle Steuervorgänge nach dieser Methode zu träge sind. Man fand jedoch Röhren, bei denen das Steuergitter durch kompliziertere Anordnungen ersetzt ist und unter Berücksichtigung der Elektronenträgheit doch noch ein Steuervorgang bei sehr hohen Frequenzen möglich wird. Auch hier bleibt für den gesteuerten Elektronenstrom die Regel erhalten, daß bei hoher Anodenspannung ein kleiner Strom und bei kleiner Anodenspannung ein großer Strom fließt, so daß es bis zu den höchsten Frequenzen nach diesem gleichbleibendem Prinzip möglich ist, Resonanzkreise mit Schwingungen konstanter Amplitude anzuregen. Man hatte hier einen neuen und sehr erfolgreichen Zugang zu den höchsten Frequenzen gewonnen, der sich dann durch die Forschung im zweiten Weltkrieg erheblich erweiterte und die verschiedenartigsten Röhrenformen hervorbrachte. Die Entwicklung solcher Röhren ist noch nicht abgeschlossen. Man kann heute etwa Leistungen von 100 Kilowatt bei einer Frequenz von 3 Milliarden Hertz erzeugen. Man hofft, innerhalb des nächsten Jahrzehnts noch 1000 Kilowatt (1 Megawatt) bei diesen hohen Frequenzen im Dauerbetrieb zu erreichen. Für kurze Betriebszeiten (maximal etwa 1 Tausendstel Sekunde lang) kann man dies in Radargeräten schon heute. Die höchsten Frequenzen, bei denen man zur Zeit mit Elektronenröhren experimentiert, allerdings noch mit sehr kleiner Leistung, liegen bei 100 Milliarden Hertz.

B. Die Antenne des Senders

Es gibt zwar bis heute kaum eine exakte Theorie der Antennen, jedoch kennt man gewisse physikalische Grundregeln, die es möglich gemacht haben, auf experimentellem Wege, das heißt im wesentlichen durch Probieren, brauchbare Antennen für viele Aufgaben zu entwickeln. Es soll hier nicht versucht werden, die Fülle der in Anwendung befindlichen Antennenformen zu erläutern, sondern es werden nur diejenigen Formen beschrieben, die dem interessierten Beobachter häufiger entgegentreten. Der Ausgangspunkt aller Antennen ist die Dipolantenne nach HERTZ, bestehend aus zwei Kondensatorelektroden C und C′, einem Verbindungsdraht und einer sie speisenden Quelle B. Abb. 27 zeigt eine solche Dipolantenne und ihre elektrischen Feldlinien schematisch, wobei die Elektroden C und C′ durch Querbalken angedeutet sind. Zu Abb. 14 wurden die Vorgänge am Dipol, die beim Betrieb mit Wechselstrom auftreten, bereits erläutert. Insbesondere wurde gezeigt, daß mit Hilfe der speisenden Quelle Felder aufgebaut werden; dabei wird Energie aus der Quelle in

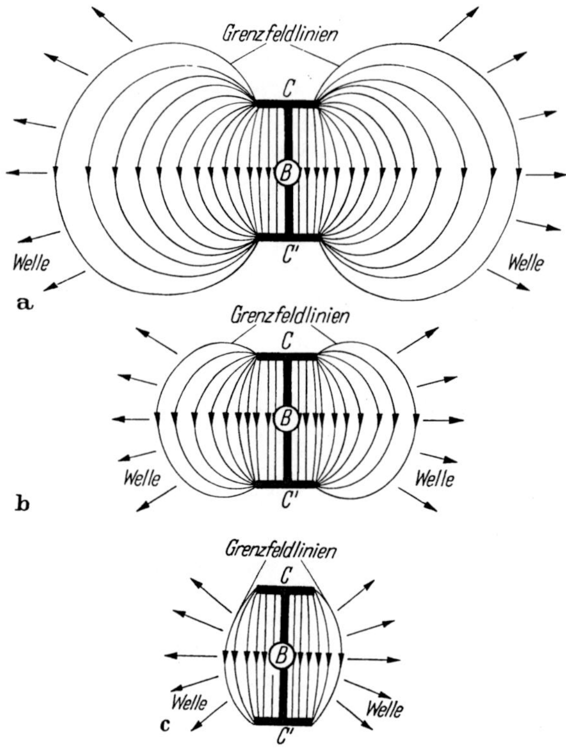

Abb. 27. Dipolantenne mit Grenzfeldlinien für drei Frequenzen

den Feldern des Raumes deponiert, und ein Teil dieser Energie beim Zerfall der Felder als Welle in den Raum ausgestrahlt. Die erste Grundfrage jeder Antennenkonstruktion ist dabei natürlich, auf welche Weise man einen möglichst großen Teil der aufgebauten Felder beim Zerfall in eine Welle verwandeln, also für eine drahtlose Übertragung nutzbar machen kann. Als einfache Regel erkannte man, daß es sogenannte Grenzfeldlinien gibt; das sind diejenigen Feldlinien des elektrischen Feldes, deren Länge zwischen den Elektroden C und C′ gleich der Wellenlänge der Raumwelle bei der betreffenden Frequenz ist. In Abb. 27 sind für den gleichen Dipolstrahler bei drei verschiedenen Frequenzen solche Grenzfeldlinien gezeichnet: in Abb. 27a für eine niedrige Frequenz, also für eine große Wellenlänge, bei der die Grenzfeldlinien sehr lang sind; in Abb. 27b für eine höhere Frequenz, bei der die Wellenlänge und dementsprechend die Grenzfeldlinien kürzer als in Abb. 27a sind; in Abb. 27c für eine noch höhere Frequenz. Diejenige Feldenergie, die im Raum zwischen dem Strahler und diesen Grenzfeldlinien liegt, ist dem Strahler noch so nahe, daß sie beim Abbau des Feldes wieder in die speisende Quelle zurückläuft, wie dies auf Seite 29 beschrieben wurde. Dieser Raumbereich ist in Abb. 27 mit Feldlinien gefüllt gezeichnet. Nur diejenige Feldenergie, die im Raum außerhalb der Grenzfeldlinien aufgebaut wird, läuft als Welle fort. Dies ist in Abb. 27 durch Pfeile an der Grenzfeldlinie, die nach außen in Richtung der Wellenausbreitung zeigen, angedeutet.

Man kann dies auch so ausdrücken, daß alle Feldlinien, deren Länge größer als die Wellenlänge ist, nur noch wenig Festigkeit besitzen und leicht zerreißen; die von ihnen gehaltene Feldenergie hängt nur noch sehr locker am Kondensator. Man muß also den Kondensator, der als Sendeantenne wirken soll, so formen, daß er außerhalb seiner Grenzfeldlinien möglichst viel Feldenergie aufbaut und diese dann abstrahlen kann. Hierbei ist allerdings zu beachten, daß die Felder mit wachsendem Abstand von den Elektroden C und C′ schnell schwächer werden und daß dementsprechend auch die Energiekonzentration mit wachsendem Abstand vom Strahler sehr schnell abnimmt. Der Strahler nach Abb. 27a kann also nur die weit vom Strahler entfernten und dementsprechend sehr schwachen Felder abstrahlen, während der überwiegende Teil der Feldenergie innerhalb der Grenzfeldlinien liegt und beim Abbau des Feldes nutzlos wieder in die Quelle zurückläuft. Der Fachmann sagt, daß die Quelle dann im wesentlichen Blindleistung liefert. „Blindleistung“ bedeutet, daß die Quelle zwar Energie liefert, diese aber vom Verbraucher nicht abgenommen wird, sondern später der Quelle wieder zurückgegeben wird. Wenn man die Abb. 27a—c vergleicht, sieht man, daß der gleiche Strahler mit wachsender Frequenz immer bessere Abstrahlungsbedingungen vorfindet, weil der innerhalb der Grenzfeldlinien liegende („blinde“) Bereich mit wachsender Frequenz kleiner wird.

Bei gegebener Frequenz wird die Abstrahlung einer Antenne um so besser, je mehr die Elektroden C und C′ voneinander entfernt sind, weil dann die Feldlinien länger werden. Wenn der Elektrodenabstand gleich der Wellenlänge wird, werden alle Feldlinien länger als die Wellenlänge, und es wäre nach dieser Darstellung der blinde Bereich ganz verschwunden, die Abstrahlung also besonders gut. Dies ist auch experimentell durchaus bestätigt.

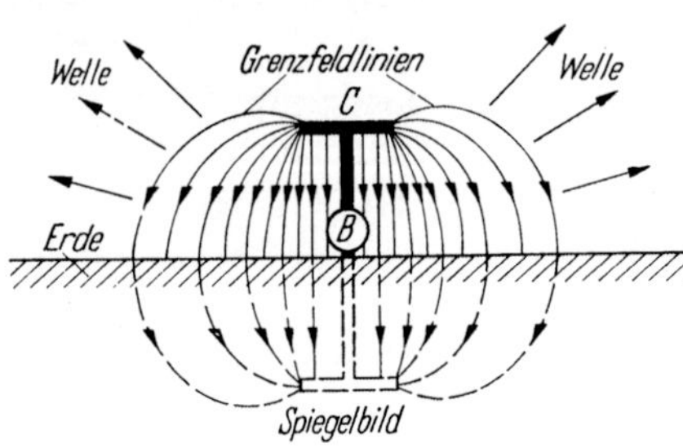

Abb. 28. Antenne mit Erde als zweiter Elektrode

Die obige Regel hat zur Folge, daß bei niedrigen Frequenzen sehr große Antennen benötigt werden, wenn man gute Abstrahlung von Wellen und wenig Blindleistung haben will. Dies ist ein großes praktisches Hindernis für die Verwendung sehr niedriger Frequenzen, die an sich für die drahtlose Überbrückung sehr großer Entfernungen besonders gut geeignet sind. Einen gewissen Vorteil bietet hier die von Marconi verwendete Abwandlung des Hertzschen Strahlers. Man benutzt als Elektrode C′ die Erde selbst, mit der man sich durch eine große eingegrabene Platte oder ein eingegrabenes großes Netz aus Kupferdrähten verbindet. Dann verlaufen die Feldlinien wie in Abb. 28. Nimmt man die in Abb. 28 gestrichelt gezeichnete spiegelbildliche Ergänzung des Feldes hinzu, so erhält man das Feld der Abb. 27b. Man erkennt, daß das Feld in Abb. 28 die *obere Hälfte* des Feldes der Abb. 27b ist, und in Abb. 28 gilt daher die Regel, daß alle Energie nach außen abgestrahlt wird, die sich außerhalb derjenigen Grenzfeldlinien befindet, deren Länge zwischen der Elektrode C und der Erde gleich einer *halben* Wellenlänge ist. Die volle Wellenlänge liegt dann zwischen der Elektrode C und ihrem Spiegelbild. Die Marconi-Antenne mit der unendlich großen Erde braucht also bei gleicher Strahlungseignung nur die *halbe* Höhe, die der Hertzsche Strahler im freien Raum haben müßte.

Die niedrigste, heute im drahtlosen Verkehr praktisch verwendete Frequenz liegt bei etwa 15000 Hertz und dient für den Nachrichtenverkehr mit untergetauchten U-Booten. Dies bedeutet eine Wellenlänge von 20 km. Da die technisch realisierbaren Antennen eine Höhe von 200 m nicht wesentlich überschreiten können, ist eine Sendeantenne für diese niedrigen Freuqenzen nur etwa eine Hundertstel Wellenlänge hoch und ein äußerst schlechter Strahler. Diese sehr niedrigen Frequenzen haben daher nur militärisches Interesse für besondere Aufgaben, bei denen Aufwand und Kosten keine Rolle spielen. In den Anfangszeiten der Funktechnik arbeitete man mit Frequenzen von etwa 50000 Hertz, also mit Wellenlängen von einigen Kilometern. Daher baute man riesige Antennenmasten. Trotzdem war die Höhe der Masten noch immer sehr klein im Vergleich zur Wellenlänge, also die Abstrahlung verhältnismäßig ungünstig. Die Problematik der Riesenantennen bleibt auch noch im Bereich des Mittelwellen-Rundfunks, der Wellenlängen zwischen 200 und 2000 m verwendet. Gut lösbar wird das Antennenproblem dagegen bei den höheren Frequenzen, bei denen die Wellenlängen klein sind und schon kleine Antennen gut strahlen.

Schwierig ist bei niedrigen Frequenzen auch die Gestaltung der Kondensatorelektrode C in Abb. 28, weil hierbei metallische Gegenstände in großer Höhe montiert werden müssen. Man verlangt von der Sendeantenne aber nicht nur, daß sie hoch ist. Um Energie abstrahlen zu können, muß man zunächst Feldenergie im Raum aufbauen, von der dann ein Teil beim Abbau des Feldes in den Raum hinauswandert. Die Energie des elektrischen Feldes eines Kondensators ist einerseits abhängig von der Spannung mit der der Kondensator geladen wird, andererseits von der Kapazität des Kondensators. Man kann also große elektrische Energie im Raum des Kondensators aufbauen, wenn man eine sehr große Ladespannung verwendet. Diesem sind Grenzen gesetzt, weil sehr große Spannungen an den Antennendrähten zu Glimmentladungen, Funkenbildung und dergleichen führen, insbesondere bei feuchtem Wetter. Man muß daher neben der Verwendung einer bis an die zulässige Grenze hochgetriebenen Spannung auch nach großer Kapazität des Kondensators streben, wenn man große Energien aufbauen will. Nun muß aber die

Elektrode C in Abb. 28 weit vom Erdboden entfernt sein, damit gute Abstrahlung stattfindet. Große Kapazität einer weit vom Erdboden entfernten Elektrode kommt nur zustande, wenn die Elektrode selbst sehr groß ist. Insbesondere dann, wenn man eine Antenne mit schlechter Abstrahlung (niedrige Sendefrequenz) hat, muß man besonders große Energien im Raum aufbauen, also große Kapazität verlangen. Daher haben die für niedrigere Frequenzen verwendeten Antennen ausgedehnte Elektroden C in Form sehr

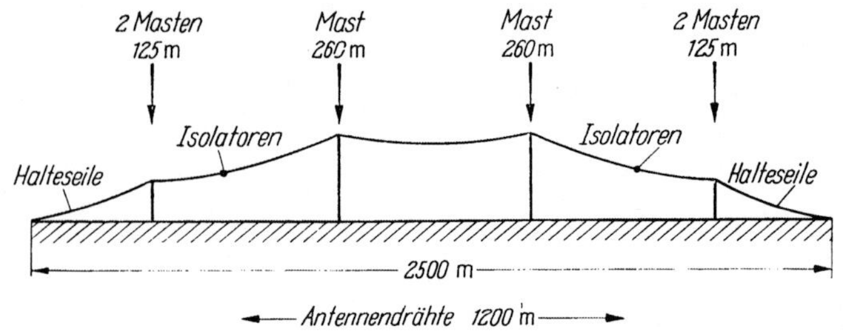

Abb. 29. Hauptantenne in Nauen 1916

langer waagerecht ausgespannter Drähte, weil nur bei Verwendung von Drähten eine geforderte Kapazität mit kleinsten Kosten und kleinstem Gewichtsaufwand hergestellt werden kann. Bei niedrigeren Frequenzen besteht also eine Antenne aus senkrechten Drähten, die den Ladestrom führen, und waagerechten Drähten in großer Höhe über dem Erdboden, die die Elektrode C bilden. Die deutsche Großstation in Nauen bei Berlin erhielt im ersten Weltkrieg eine Antenne, bei der 10 Drähte von 1200 m Länge zwischen zwei Türmen von 260 m Höhe und vier Türmen von 125 m Höhe ausgespannt waren. Abb. 29 gibt ein einfaches Schema dieser riesigen Anlage. Abb. 30 soll einen Eindruck von den Ausmaßen solcher Masten vermitteln. Mit diesen Antennen und Hochfrequenzmaschinen von mehreren hundert Kilowatt Leistung erreichte man damals jeden Punkt der Erde auf drahtlosem Wege.

Je höher die Frequenz ist, desto einfacher wird es, die für eine gute Abstrahlung erforderliche Antennenhöhe zu erreichen. Dann wird auch nach Abb. 27 bei gleicher Abstrahlung die aufzubauende Feldenergie geringer. Beispielsweise muß bei einer niedrigen Antenne, die nur 5% der Feldenergie abstrahlt, die aufgebaute Feldenergie das 20fache der abgestrahlten Energie sein, während bei einer höheren Antenne, die 20% abstrahlt, nur das 5fache der abgestrahlten Energie aufgebaut werden muß, d. h. bei gleicher abgestrahlter Energie nur ein Viertel von dem, was die kürzere Antenne aufbauen muß. Wenn man zu höheren Frequenzen übergeht, neigt man daher dazu, nicht die Antennenhöhe zu verkleinern, sondern die Elektrode C′ zu verkleinern. Dies führt dazu, daß schon beim Mittelwellen-Rundfunk (Frequenzen etwa eine Million Hertz, Wellenlänge etwa 300 m) in neuerer Zeit die Sendeantennen fast nur noch aus einem senkrechten Draht bestehen und die Elektrode C sehr klein geworden ist. Abb. 31 zeigt die Antenne eines Rundfunksenders, bei der ein senkrechter Draht in einem Holzturm hängt. Später baute man eiserne Gittermasten wie in Abb. 40, die selbst den senkrechten Antennenleiter darstellen und unten auf einem großen keramischen Isolator stehen. Diese Stabantenne wird durch isolierende Abspannseile nach allen Seiten gehalten. Ein kleines ringförmiges Gebilde an der Spitze des Mastes stellt den Rest der Elektrode C dar.

Abb. 30. Sendestelle Norddeich (Werkphoto Telefunken)

Bei noch höheren Frequenzen besteht die Antenne meist nur noch aus einem senkrechten Leiter (Stab, Draht oder Eisenmast) ohne eine sichtbare Elektrode C, wobei dann die obere Hälfte des Leiters die aufzuladende Elektrode C und die untere Hälfte des

Abb. 31a.

Abb. 31a u. b. a Antenne des Rundfunksenders München. b Die Speisung des senkrechten Drahtes aus einem Abstimmhaus über einen Hochspannungsisolator; im Hintergrund das Sendegebäude (Photos: Bayerischer Rundfunk)

Leiters die zum Aufladen der Kapazität erforderliche Leitung ist. Die in Abb. 28 noch waagerecht liegenden Antennenteile C stehen dann ebenfalls senkrecht und die Gesamthöhe der Antenne ist dementsprechend größer. Dies kann man sich aber bei höheren Frequenzen, d. h. bei kleineren Wellenlängen leisten, weil dann die Antennenhöhe sowieso gering ist und ein einfacher Stab als

Abb. 31b.

Antenne denkbar einfach und billig wird. Wie es in Abb. 32 gezeichnet ist, liegen dann die elektrischen Felder des Kondensators zwischen dem oberen Leiterteil und der Erde und die magnetischen Felder der Ladeströme um die untere Leiterhälfte herum. Für diese einfache Stabantenne gibt es eine optimale Länge, die man in den meisten Fällen verwendet. Diese ist durch die folgenden Überlegungen begründet: Es wurde bereits auf Seite 29 erläutert, daß das elektrische Feld bei seinem Abbau seine Energie teils in den äußeren Raum abstrahlt, teils in Feldenergie des magnetischen Feldes des Entladestroms verwandelt, teils in die Quelle zurückliefert. Diese Rücklieferung von Energie in die Quelle ist meist ein unerwünschter Vorgang, weil er die Quelle stört. Die Quelle hat zwei Möglichkeiten: Entweder beseitigt sie die zurückgelieferte Energie dadurch, daß sie sie in

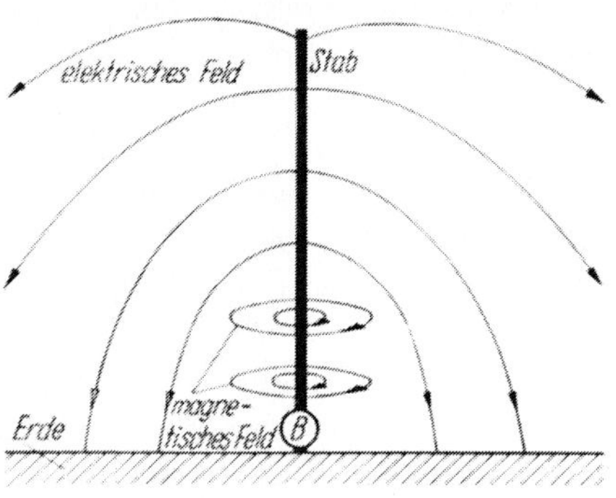

Abb. 32. Stabstrahler über der Erde

Wärme verwandelt, oder sie speichert die Energie in einer hinreichend großen Spule als magnetische Energie zwecks neuer Verwendung beim nächsten Ladevorgang. Beides stellt einen unerwünschten Aufwand dar. Die Erfahrung hat gezeigt, daß bei einer Stabantenne nach Abb. 32 die beim Feldzerfall in die Quelle zurückfließende Energie äußerst gering ist, wenn die Stablänge gleich einer Viertelwellenlänge ist. In diesem Fall wird beim Entladen des oberen Stabteils die nicht abgestrahlte elektrische Feldenergie nahezu vollständig in magnetische Feldenergie des unteren Stabteils verwandelt. Dann erfolgt der anschließende Wiederaufbau des elektrischen Feldes im wesentlichen aus der Energie dieses magnetischen Feldes mit Hilfe des Selbstinduktionsvorganges, und die Quelle ist von der Blindleistung entlastet. Dies ist für viele Anwendungen eine sehr angenehme Lösung, so daß bei höheren Frequenzen Stablängen gleich einem Viertel der Wellenlänge sehr oft und bevorzugt verwendet werden. Ein solcher Stab braucht nicht unbedingt wie in Abb. 32 in Kombination mit der Erde zu arbeiten, sondern wird bei fahrbaren Sendestationen auch auf Kraftwagen montiert, wobei dann die leitende Karosserie des Wagens die Erde ersetzt. Man sieht solche Antennen oft auf Kraftwagen der Polizei und des Militärs als biegsame Stäbe für den Funkverkehr mit Wellenlängen von einigen Metern.

Bei höheren Frequenzen wird auch die Hertzsche Form des Dipols aus zwei gleichen Teilen im freien Raum realisierbar. Dieser Dipol hat zwar die doppelte Länge wie die Antenne nach Abb. 32, jedoch ist dies bei hohen Frequenzen keine besondere Erschwerung der baulichen Ausführung. In den meisten Fällen bestehen diese Antennen aus zwei Stäben, die jeder eine Viertelwellenlänge lang sind und daher die schon beschriebenen, angenehmen Eigenschaften der Viertelwellenstäbe haben. Die optimale Gesamtlänge einer solchen Antenne ist also eine halbe Wellenlänge. Die speisende Wechselstromquelle liegt wie in Abb. 14 an der Stelle B in der Mitte zwischen den beiden Stäben. Da es im allgemeinen aber nicht möglich ist, die Wechselstromquelle wirklich an diesen Ort zu legen, wird man die Wechselstromquelle über eine Leitung aus zwei Drähten in der Mitte B zwischen den Stäben anschließen und dann die in Abb. 33 schematisch dargestellte Form erhalten.

Diese Anordnung kann man als die Standardantenne für höhere Frequenzen bezeichnen, die für sich allein oder in Gruppen bei Richtantennen außerordentlich häufig auftritt. Abb. 37a zeigt als Beispiel eine Antenne für Funksprechverkehr, die zwei solche Standardantennen enthält. Die Unterbrechungsstelle B liegt in der Mitte jedes Stabes und ist gegen Wettereinflüsse durch eine Hülle aus Kunststoff geschützt, so daß diese Stelle in Abb. 37a etwas verdickt erscheint. Die Zuleitung von der Quelle her liegt im senkrechten Haltemast und geht durch die waagerechten Haltestäbe zur Speisestelle B jedes Stabes. Bei Verwendung solcher Dipole brauchen die Stäbe nicht in jedem Fall senkrecht stehen, sondern können beliebige Lage haben. Zum Beispiel liegen im deutschen Ultrakurzwellen-Rundfunk die Dipole der Sender allgemein waagerecht, wie es die Abb. 42 bei einer Richtantenne zeigt.

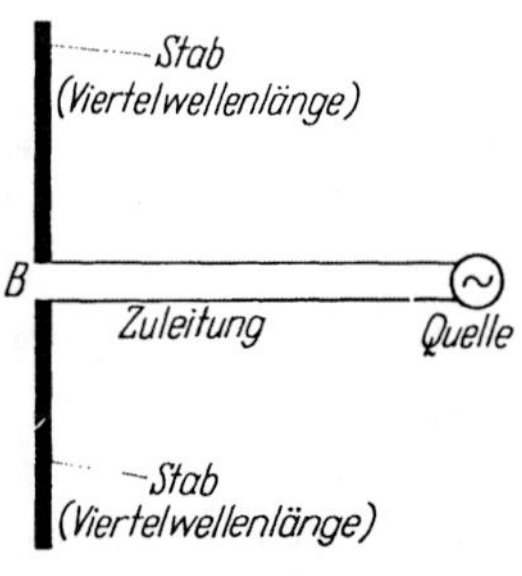

Abb. 33.
Stabdipol mit Zuleitung

Die bisher beschriebenen „Rundstrahler", die in alle Richtungen strahlen, entsprechen nicht immer den Wünschen der Anwender. Man benötigt auch „Richtstrahler", die die Wellen nur in bestimmte Richtungen senden. Ein idealer Richtstrahler hat die

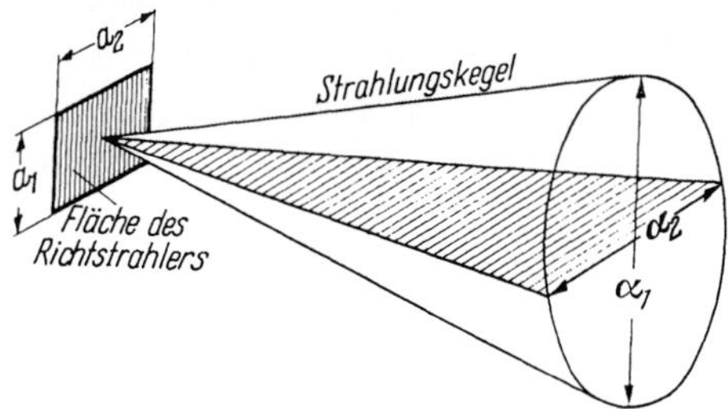

Abb. 34. Strahlungskegel einer idealen Richtantenne

Eigenschaft, nur einen bestimmten Raumwinkel mit Wellen zu versorgen, wie dies in Abb. 34 dargestellt ist. Die Ausstrahlung erfüllt dann einen Raum, der etwa einen von der Antenne ausgehenden Kegel darstellt. Eine solche Kegelform der Ausstrahlung ergibt sich im freien Raum grundsätzlich, da sich elektromagnetische Energie dort stets geradlinig ausbreitet, der bestrahlte Raum sich also mit wachsender Entfernung von der Antenne vergrößert. Man sagt, die Ausstrahlung sei „gebündelt". Die vertikale Bündelung beschreibt man durch den vertikalen Schnitt des Strahlungskegels, der einen Winkel α_1 besitzt. Die horizontale Bündelung beschreibt man durch einen horizontalen Schnitt durch den Kegel, der einen Winkel α_2 besitzt. Es gibt viele Fälle, bei denen der Empfänger an einem ganz bestimmten Ort steht. Es wäre eine Verschwendung von Senderleistung, wenn man dann den ganzen Raum mit Wellen füllen würde und brauchte doch nur Wellen, die in der bestimmten Richtung zum Empfänger laufen. Unter Umständen wäre es sogar unerwünscht, wenn dabei Wellen ausgestrahlt würden, die in falsche Richtungen laufen und dadurch andere Empfänger stören.

Die Ersparnis an Senderleistung durch Richtantennen zeigt folgendes Beispiel: Ein Kegel nach Abb. 34 mit horizontaler und vertikaler Ausdehnung von je 1 Winkelgrad hat in 10 km Entfernung eine Breite und Höhe von 200 m, kann also dort ein Gebiet entsprechender Ausdehnung versorgen. Der gleiche Kegel hat in 100 km Entfernung bereits eine Breite und Höhe von 2 km. Dies reicht aus, um auch die größten Empfangsantennen vollständig anzustrahlen. Der gesamte Raum, den ein Rundstrahler nach Abb. 33 bestrahlen würde, ist etwa 30000mal so groß wie der vorher genannte kegelförmige Raum mit 1 Winkelgrad. Wenn man mit Hilfe eines Richtstrahlers in dem oben genannten Raum von 1 Winkelgrad eine Welle bestimmter Intensität erzeugen will, muß die Antenne in diesem Raum eine bestimmte Leistung strahlen, die der Sender zu liefern hat. Wenn man eine Welle gleicher Intensität mit einem Rundstrahler erzeugen will, so muß man Leistung in *alle* Raumrichtungen schicken, also insgesamt die 30000fache Leistung im Sender erzeugen und ausstrahlen. Rundstrahler sind daher ungünstig, wenn die ausgestrahlte Nachricht nur für einen einzigen Empfänger bestimmt ist, und zweckmäßig für den Rundfunk, bei dem viele Empfänger in einem großen Gebiet versorgt werden müssen. Eine gewisse vertikale Bündelung ist aber auch im Rundfunk erwünscht, da die Empfänger in der Nähe der Erdoberfläche stehen und eine Strahlung schräg nach oben in den Raum hinein unnötig ist. Manche Rundfunksender verwenden auch eine gewisse horizontale Bündelung, also eine Bevorzugung bestimmter horizontaler Richtungen, z. B. wenn sie am Rande ihres Versorgungsgebietes stehen. Ein bekanntes Beispiel ist der Rundfunksender Wien, der ziemlich dicht an der Landesgrenze steht und dessen österreichisches Versorgungsgebiet im wesentlichen westlich des Senders liegt. Der Wiener Rundfunksender verwendet daher eine einfache Richtantenne (aus zwei Antennen ähnlich Abb. 40), so daß er die Hauptintensität seiner ausgestrahlten Welle in westliche Richtung legt.

Richtantennen bestehen meist aus mehreren der bisher beschriebenen Stabstrahler; bei sehr hohen Frequenzen können auch metallische Wände als Spiegel hinzukommen. Alle beteiligten Strahler werden vom gleichen Sender gespeist und senden jeder eine Welle aus. Die entstehende Richtwirkung beruht auf dem aus der Optik bekannten Prinzip der Interferenz, die durch Überlagerung von Wellen im Raum entsteht. Im folgenden soll diese Überlagerung an einem einfachen Beispiel gezeigt werden. Abb. 35a zeigt sinusfömige Vorgänge (Kurven I bis IV), wobei der Vorgang II zeitlich später liegt als der Vorgang I und Vorgang III zeitlich später als der Vorgang II, usw. Die zeitliche Verschiebung der Vorgänge gegeneinander erkennt man am besten an den Kurvendurchgängen durch die waagerechte Achse, die zeitlich gegeneinander versetzt sind. In den Abb. 35b—e ist die Schwingung I mit anderen Schwingungen der Abb. 35a überlagert worden. Diese Abbildungen zeigen jeweils die Kurve I und die Addition der überlagerten Schwingung durch Pfeile entsprechender Länge. Die Kurve der Summe beider Schwingungen ist dick ausgezogen. In Abb. 35b ist zu dem Vorgang I nochmals der Vorgang I addiert. Diese Überlagerung zweier zeitlich gleichartiger Schwingungen führt zu einer Schwingung mit doppelter Amplitude. In Abb. 35c sind die Schwingung I und die zeitlich verschobene Schwingung II aus Abb. 35a addiert worden. Die Summe ist wieder ein sinusförmiger Vorgang, dessen Amplitude größer ist als beim Vorgang I allein, wenn die zeitliche Verschiebung zwischen I und II nicht zu groß ist. Die Summe beider Wellen ist um so größer, je kleiner die zeitliche Verschiebung ist, aber stets kleiner als die Summe in Abb. 35b. In Abb. 35d sind die Vorgänge I und III addiert worden, also die zeitliche Verschiebung zwischen beiden Schwingungen größer als in Abb. 35 c. Die Summe ist wesentlich kleiner als in Abb. 35 c und hat jetzt sogar eine etwas kleinere Amplitude als der Vorgang I für sich allein. Es ist eine für Richtantennen wichtige Erkenntnis, daß Wellen auch *gegeneinander* wirken können. Im

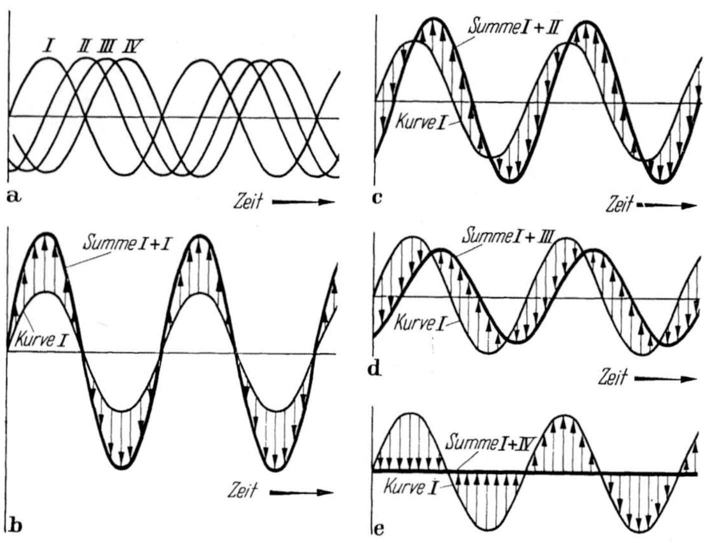

Abb. 35. Überlagerung von Sinuswellen

äußersten Fall kann die Summe sogar Null werden, wenn man wie in Abb. 35 e die Schwingungen I und IV aus Abb. 35 a addiert, wenn also die beiden Vorgänge genau um eine halbe Periode gegeneinander verschoben sind. Dann heben sich die beiden Schwingungen gegenseitig auf, weil ihre Werte in jedem Moment entgegengesetzt gleich sind.

Man kann dieses Verfahren auch auf die Addition von mehr als zwei Einzelvorgängen ausdehnen. Je mehr Schwingungen man addiert, desto größer werden die Möglichkeiten, bestimmte gewünschte Effekte zu erreichen. Diese Addition von Schwingungen wendet man im Wellenfeld einer Richtantenne an, um durch Überlagerung der Wellen der verschiedenen beteiligten Strahler bestimmte Richteffekte zu erreichen. Bei idealen Richtantennen strebt man innerhalb des gewünschten Kegels der Abb. 34 eine Addition aller beteiligten Wellen an, bei der die Summenamplitude groß ist. Außerhalb des gewünschten Kegels sollen sich die Wellen gegenseitig möglichst vollständig auslöschen.

Die einfachste Richtantenne besteht aus zwei Strahlern, die vom gleichen Sender gespeist werden und die je eine Welle aussenden. Die beiden Strahler sollen einen gewissen Abstand a voneinander haben. In Abb. 36 sind die beiden Strahler schematisch gezeichnet. Betrachtet wird ein Punkt P, in dem beide Wellen eintreffen. Wenn der Abstand a_1 des Punktes P vom Strahler I und der Abstand a_2 vom Strahler II verschieden groß sind, so benötigen die beiden Wellen von ihrem Strahler bis zum Punkt P verschieden lange Zeit und treffen daher in P mit zeitlicher Verschiebung wie die Vorgänge der Abb. 35a ein. Wenn der Unterschied der Wege a_1 und a_2 klein ist, so ist die zeitliche Verschiebung der Wellen in P klein, und die Summe der Wellen ist groß wie in Abb. 35c. Wenn der Unterschied der Wege a_1 und a_2 größer ist, kann die Summe der Wellen klein werden wie in Abb. 35d. Ist der Unterschied zwischen a_1 und a_2 genau eine halbe Wellenlänge, so löschen sich die beiden Wellen im Punkt P wie in Abb. 35e gegenseitig aus. Es soll die Überlagerung in einigen besonders wichtigen Punkten besonders betrachtet werden. Liegt der Empfänger im Punkt P_1 oder P_3 auf der Mittellinie der Anordnung, so ist $a_1 = a_2$, der Punkt hat gleichen Abstand von beiden Strahlern, die Wellen in P keine zeitliche Verschiebung, und sie addieren sich zu dem größtmöglichen Wert, d. h. zur doppelten Amplitude wie in Abb. 35b. Diese Mittellinie ist also die Richtung maximaler Strahlung dieses Doppelstrahlers. Liegt der Empfänger in Abb. 36 im Punkt P_2 oder P_4 auf der Verbindungslinie beider Strahler, so ist der Unterschied der Wege a_1 und a_2 am größten, nämlich gleich dem Abstand a der Strahler. Dies ist die Richtung,

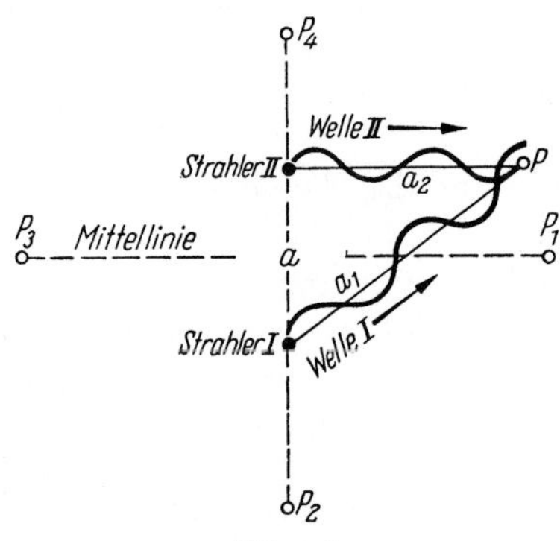

Abb. 36.
Richtantenne aus zwei Stabstrahlern

in der die Summe beider Wellen am kleinsten ist. Wenn man den Strahlerabstand *a* gleich einer halben Wellenlänge macht, sind die Wellen bei ihrer Ankunft in P_2 oder P_4 um eine halbe Schwingungsperiode gegeneinander verschoben und löschen sich gegenseitig aus wie in Abb. 35e. Zwei Strahler, deren Abstand *a* gleich einer halben Wellenlänge ist, stellen die einfachste Richtantenne dar mit einer bevorzugten Strahlungsrichtung (P_1 und P_3) und einer Nullrichtung (P_2 und P_4). Abb. 37a zeigt eine solche Antenne mit zwei Strahlern nebeneinander. Sie wird beispielsweise verwendet für die Nachrichtenübertragung zwischen einem Sender und Kraftwagen auf einer Autobahn, wobei der Sender nahe der Autobahn steht und die Hauptstrahlungsrichtung der Antenne nach beiden Seiten in Richtung der Straße liegt (Mittellinie $P_1 P_3$ parallel zur Straße; horizontale Richtwirkung). Abb. 37b zeigt eine solche Antenne mit zwei Strahlern übereinander. Der dicke Isolator in der Mitte trennt die beiden Dipole. Der obere und der untere Isolator sind die beiden Speisepunkte B der Dipole wie in Abb. 37a. Dies ergibt eine vertikale Richtwirkung, denn die Hauptstrahlungsrichtung (P_1 und P_3 in Abb. 37a) liegt nun parallel zum Erdboden, die Nullrichtung (P_2 und P_4) senkrecht zum Erdboden. Eine solche Antenne bedient also bevorzugt Empfänger, die sich am Erdboden befinden.

In Abb. 36 wurde angenommen, daß beide Wellen ihre Strahler gleichzeitig verlassen. Man kann aber einen weiteren interessanten Effekt erzeugen, wenn man dafür sorgt, daß die Wellen die Strahler bereits zeitlich gegeneinander verschoben verlassen. Die erreicht man z. B. sehr einfach dadurch, daß man die Zuleitung vom Sender zu den beiden Strahlern verschieden lang macht. Wie in Abschnitt IX noch näher erläutert wird, läuft die Energie auf den Zuleitungen ebenfalls in Form von Wellen mit bestimmter Geschwindigkeit, die meist etwas kleiner als die Lichtgeschwindigkeit ist. Die Welle braucht Zeit für das Durchlaufen der Zuleitung und diese Zeit ist um so größer, je länger die Leitung ist. Verschieden lange Leitungen erzeugen also gegenseitige zeitliche Verschiebungen zwischen den Strömen, die aus den Leitungen in die Strahler laufen und dadurch eine zeitliche Verschiebung zwischen den Wellen, die der Strahler aussendet.

Der einfachste Fall der Anwendung zeitlicher Verschiebungen durch Leitungen verschiedener Länge wird im folgenden beschrieben. Die Antenne besteht nach Abb. 38a aus zwei Strahlern I und II, die vom Sender über zwei Leitungen verschiedener Länge gespeist werden. Die Länge b_2 der Leitung zum Strahler II sei beispielsweise um soviel größer als die Länge b_1 der anderen Zuleitung, daß der zeitliche Unterschied der Ströme in beiden Strahlern gleich einer Viertelperiode der Schwingung ist. Der Abstand

a

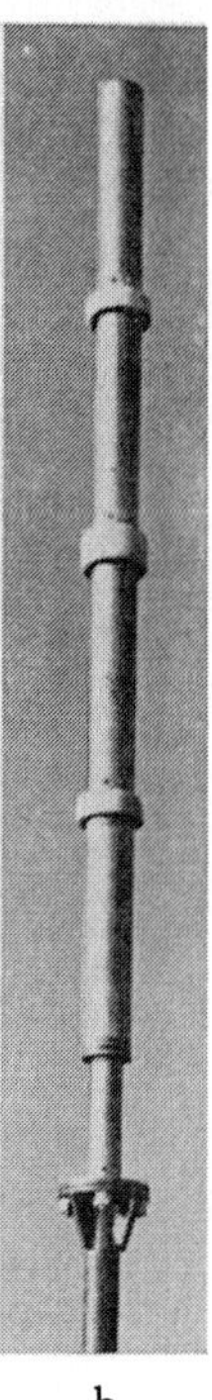

b

Abb. 37. Ultrakurzwellen-Antenne mit zwei Stabdipolen nebeneinander (a) und übereinander (b) (Werkphoto Kathrein)

der beiden Strahler in Abb. 38a sei genau eine Viertelwellenlänge. Betrachtet wird die Überlagerung der beiden Wellen auf der Geraden AB, die durch beide Strahler geht. Der Strahler I sendet eine Welle I aus, deren elektrische Feldstärke in Abb. 38b längs der Strecke AB gezeichnet ist und die in dem gezeichneten Moment gerade einen Maximalwert am Ort des Strahlers I hat (maximale Aufladung des Antennenkondensators; Abb. 14a). Der Strahler II wird zwar vom gleichen Sender gespeist, aber infolge der längeren Zuleitung mit einer zeitlichen Verzögerung, die ein Viertel der Schwingungsperiode ist, so daß der Strahler II gerade entladen ist, wenn der Strahler I maximale Ladung

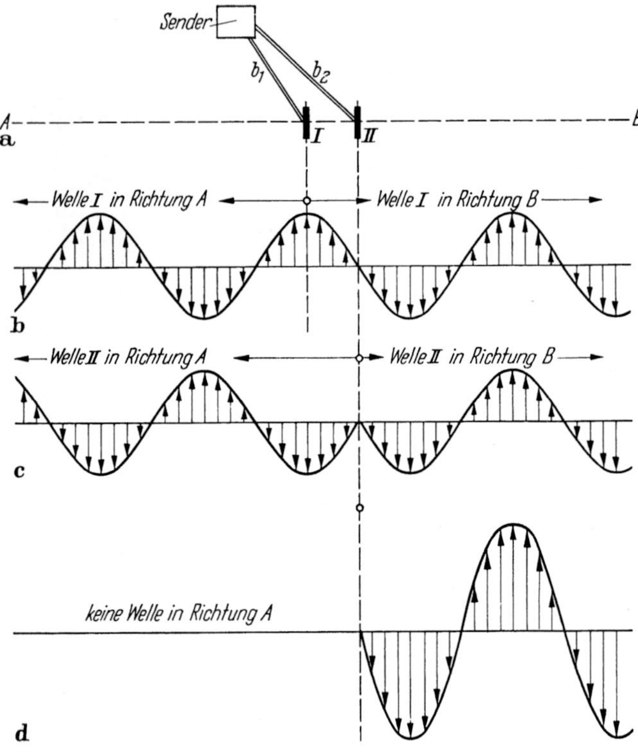

Abb. 38. Richtantenne aus zwei Stabstrahlern mit zeitlich verschobener Speisung

hat. Die Welle II des Strahlers II hat also in dem in Abb. 38c gezeichneten Zeitpunkt am Ort des Strahlers die elektrische Feldstärke Null. Vergleicht man nun die beiden Wellen, die von den Strahlern I und II nach rechts in Richtung B laufen, so haben diese keine Verschiebung gegeneinander und überall gleiche Richtung der Feldstärken, wie die Pfeile der elektrischen Feldstärken zeigen. In Richtung B addieren sich also die Wellen zum doppelten Wert wie in Abb. 35 b. Dies ist in Abb. 38 d rechts dargestellt. Vergleicht man dagegen die beiden Wellen, die von den Strahlern I und II nach links in Richtung A laufen, so haben diese eine Verschiebung um eine halbe Wellenlänge, also überall entgegengesetzte Feldstärkerichtung und löschen sich aus wie in Abb. 35 e. Abb. 39 zeigt die beiden Strahler der Abb. 38 a auf der Erdoberfläche von oben gesehen und gibt an, wie sich die Feldstärken der Wellen in den verschiedenen Himmelsrichtungen überlagern. In Richtung B erhält man 200%, d. h. doppelte Feldstärke, wie schon in Abb. 38 bewiesen. In anderen Richtungen erreicht die Summe der beiden Wellen kleinere Werte, und zwar um so kleiner, je mehr sich die betrachtete Richtung der Richtung A nähert, (Additionen wie in Abb. 35 c und d). In Richtung A ist keine Welle meßbar. Man erhält so eine Richtantenne, die die Richtung B und die Umgebung der Richtung B bevorzugt und die Ausstrahlung in der Richtung A vermindert oder unterdrückt. Man nennt in dieser Anordnung den Strahler I auch „Reflektor", weil man sich dabei vorstellen kann, daß dieser Reflektorstab die vom Strahler II in Richtung A laufende Welle reflektiert und ebenfalls in die Richtung B schickt.

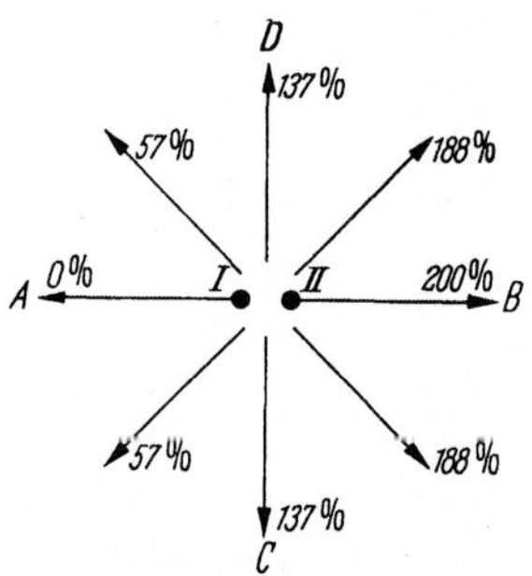

Abb. 39. Feldstärken der Richtantenne der Abb. 38 in den verschiedenen Himmelsrichtungen

Als wesentliches Erfordernis bei einer Antenne mit nennenswerter Richtwirkung ist aus den vorhergehenden Überlegungen zu erkennen, daß die beteiligten Strahler einen gewissen Abstand haben, der erfahrungsgemäß mindestens eine Viertelwellenlänge sein muß. Daher war in den Anfängen der Funktechnik die Verwendung von Richtantennen sehr selten, weil die Wellenlängen sehr groß waren und die Strahler der Richtantennen riesige Abstände haben mußten. Erst bei kürzeren Wellenlängen von einigen hundert Metern waren Richtantennen einfachster Art leichter ausführbar und daher auch im praktischen Gebrauch. Abb. 40 zeigt eine Anwendung einer solchen Richtwirkung. Die Antenne des Westberliner Rundfunksenders hat zwei getrennte Strahler. Der Sender speist beide Strahler in der zur Abb. 38a beschreibenen Weise und die Ausstrahlung in den verschiedenen Richtungen ist verschieden stark entsprechend Abb. 39. Solche Richtantennen sind natürlich noch sehr groß und teuer, also relativ selten. Die eigentliche Zeit

Abb. 40. Antenne des Westberliner Rundfunksenders 1949 (Werkphoto Telefunken)

der Richtantennen begann erst, als man die Brauchbarkeit der Kurzwellen (Wellenlängen zwischen 10 und 100 m) für die Überbrükkung großer Entfernungen erkannt hatte. Hier waren die Strahler und ihre Abstände kleiner, so daß man auch schon den Bau etwas komplizierterer Richtantennen mit mehr als zwei Strahlern wagen konnte.

Man kann die Richtwirkung der in Abb. 38a gezeigten Antenne z. B. dadurch steigern, daß man einen dritten Strahler auf der Linie AB hinzufügt, dessen Abstand vom Nachbarstrahler passend gewählt ist und der mit einer passenden Zeitverschiebung vom gleichen Sender gespeist wird. Die Richtung B bleibt dann weiterhin die Hauptstrahlungsrichtung. Die Strahlung konzentriert sich aber mehr um die Richtung B herum und die Strahlung in die übrigen Richtungen wird gegenüber Abb. 39 schwächer. Abb. 41 zeigt eine solche Antenne, die drei Strahler der in Abb. 33 skizzierten Form verwendet. Man kann viele Strahler auf der Linie AB anordnen. Wenn man sie mit den richtigen Zeitverschiebungen speist, werden alle dazu beitragen, daß sich die Strahlung in der Richtung B immer mehr konzentriert. Abb. 56 zeigt eine solche Antenne mit vielen Strahlern. Da die Hautpstrahlung sich längs dieser in einer Reihe stehenden Strahler entwickelt, nennt man eine solche Anordnung einen „Längsstrahler". Dieses Prinzip verwendet man heute häufig und in den verschiedensten Variationen.

Abb. 41. Richtantenne aus drei Stabstrahlern (Werkphoto Kathrein)

Die zweite bekannte Gruppe von Richtstrahlern verwendet die Zweiergruppe der Abb. 38a als Grundelement der Antenne und setzt solche Zweiergruppen nebeneinander und übereinander. Abb. 42 zeigt als einfaches Beispiel die Antenne des Ultrakurzwellensenders Wendelstein (Bayern) mit vier solchen Zweiergruppen.

Hier liegen die Dipole waagerecht und die vier Strahlergruppen parallel übereinander. Alle Strahlergruppen unterstützen sich bei der Bildung einer Welle in der Richtung B der Abb. 38a und in der Unterdrückung von Wellen in den anderen Richtungen. Man kann die Zweiergruppen auch in anderen Kombinationen zusammenbringen. Abb. 43 zeigt viele Dipolgruppen übereinander und nebeneinander. Es entsteht eine strahlende Fläche. Es gilt folgende Grundregel: Wenn man Strahlergruppen vertikal übereinandersetzt, verbessert man die vertikale Bündelung (α_1 in Abb. 34 kleiner). Wenn man Strahlergruppen horizontal nebeneinandersetzt, verbessert man die horizontale Bündelung (α_2 in Abb. 34 kleiner). Kombiniert man gleiche Dipolgruppen zu einer strahlenden Fläche und speist alle Gruppen mit gleichem Strom, so steht der Kegelwinkel der Strahlung (Abb. 34) mit seiner Achse senkrecht auf der strahlenden Fläche.

Abb. 42. Richtantenne aus vier Zweiergruppen (Werkphoto Rohde & Schwarz)

Eine sehr gute Richtwirkung erhält man, wenn man einen Strahler nicht mit einem Reflektorstab, sondern mit einer größeren Metallfläche kombiniert, die dann als Reflektor wirkt. Die vom Strahler ausgesandte Welle wird an dieser Wand reflektiert, wie dies bereits in Abb. 7 demonstriert wurde. Die reflektierte Welle sieht so aus, als ob sie von einem zweiten Strahler kommen würde, der sich hinter der Wand befindet. Diese Spiegelung ist in Abb. 45 näher erläutert. Das scheinbare Wellenzentrum der reflektierten Welle hinter der Spiegelwand nennt man das Spiegelbild des Strahlers. Solche Spiegelbilder sind jedem bekannt, der in einen

Abb. 43. Richtantenne aus Zweiergruppen übereinander und nebeneinander (Werkphoto Siemens & Halske)

Spiegel geblickt hat. Strahler und Reflexionswand erzeugen dann eine Wellenüberlagerung ähnlich wie sie bei zwei parallelen Strahlern bereits beschrieben wurde, mit dem Unterschied, daß der Raum hinter der Wand nahezu frei von Wellen bleibt. Der Spiegel unterdrückt also die Strahlung in den unerwünschten Richtungen weit besser, als es der in Abb. 38 verwendete Dipol I vermag, und um so besser, je größer der Spiegel ist. Jedoch müssen Höhe und Breite des Spiegels größer als eine Wellenlänge sein, wenn der Spiegel richtig wirken soll. Daher kann man Spiegel nur bei sehr hohen Frequenzen verwenden; denn das Gewicht, die Herstellungskosten und der Druck des Windes auf die Spiegelfläche beschränken die Verwendung großer Spiegel sehr. Oftmals ersetzt man den Spiegel durch ein Drahtgitter mit hinreichend kleinen Gittermaschen oder durch zahlreiche parallele Stäbe, um das Gewicht und den Winddruck zu vermindern. Ebenso wie der Spiegel den Strahler I im Doppelstrahler der Abb. 38a ersetzen kann, so kann er auch bei Kombinationen mit mehreren Dipolen übereinander oder nebeneinander alle Strahler I ersetzen, und man hat dann als Antenne eine große leitende Wand, vor der sich eine Anzahl von gleichzeitig gespeisten Strahlern befindet. Abb. 44 zeigt eine solche Richtantenne mit einem Spiegel aus vielen parallelen Stäben.

Abb. 44. Richtantenne aus Dipolen vor einer leitenden Wand (Werkphoto Kathrein)

Je größer die Wand ist und je mehr Dipole sich vor der Wand befinden, desto größer ist die Richtwirkung. Eine solche Antenne nennt man einen Flächenstrahler, weil die Dipole insgesamt eine Fläche senkrecht zur Strahlungsrichtung darstellen, wie dies in Abb. 34 schematisch angedeutet ist. Man kann die Richtwirkung einer solchen strahlenden Fläche nach der folgenden Regel leicht abschätzen. Ist a_1 die Höhe der strahlenden Fläche und α_1 der vertikale Winkel des Strahlungskegels in Abb. 34, a_2 die Breite der strahlenden Fläche und α_2 der horizontale Bündelungswinkel in Abb. 34, so ist näherungsweise

$$\alpha_1 = \frac{\lambda_0}{a_1} \cdot 60^\circ; \quad \alpha_2 = \frac{\lambda_0}{a_2} \cdot 60^\circ.$$

Dividiert man also z. B. die Wellenlänge λ_0 der verwendeten Schwingung durch die Breite a_2 der Fläche und multipliziert mit 60°, so erhält man den horizontalen Strahlungswinkel α_2 in Grad. Diese Formel zeigt, daß die Richtwirkung von dem Verhältnis der Wellenlänge zu den Abmessungen der strahlenden Fläche abhängt.

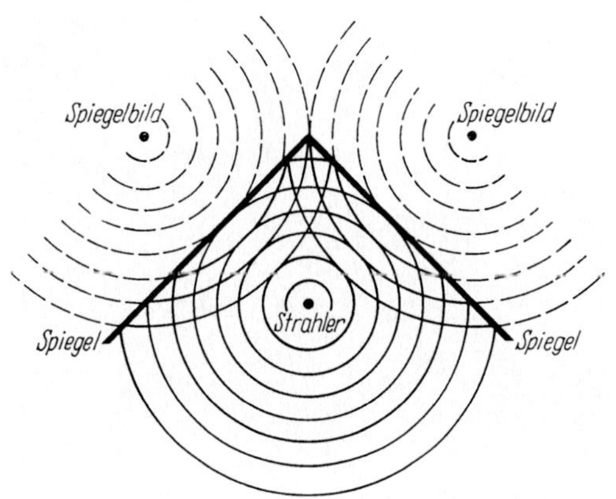

Abb. 45. Strahler mit zwei Spiegeln

Je kleiner die Wellenlänge, desto kleiner kann die Fläche werden, um eine bestimmte Richtwirkung zu erreichen. Daher kann man mit Flächen erträglicher Größe nur bei sehr hohen Frequenzen eine gute Richtwirkung schaffen.

Es ist ein gewisses technisches Problem, viele Dipole gleichzeitig, mit gleicher Amplitude und ohne gegenseitige zeitliche Verschiebung zu speisen. Je mehr Dipole man verwendet, desto schwieriger wird dies. Es gibt hier den in Abb. 45 gezeigten Ausweg. Wenn ein Strahler mit zwei Spiegeln kombiniert wird und beide Spiegel gegeneinander geneigt sind, erzeugt jeder Spiegel eine reflektierte Welle, die von je einem Strahler hinter jedem Spiegel herzukommen scheint. In Abb. 45 sind die Spiegelbilder und die von ihnen ausgehenden scheinbaren Wellen hinter dem Spiegel gestrichelt gezeichnet. Die Kombination von Strahler und zwei Spiegeln wirkt also ähnlich wie eine Kombination von drei

Strahlern. Abb. 46 zeigt eine solche Richtantenne, bei der die beiden Spiegel aus zahlreichen parallelen Stäben bestehen.

Ein Strahler mit vielen Spiegeln, die alle gegeneinander schräg gestellt sein müssen, erzeugt viele reflektierte Wellen und wirkt wie eine Kombination entsprechend vieler Dipole. Jedoch gibt es nur wenige Spiegelkombinationen, die eine brauchbare Richtwirkung geben. Man ist gezwungen, die Spiegel annähernd so

Abb. 46. Strahler mit V-förmigem Spiegel (Werkphoto Kathrein)

anzuordnen, daß sie insgesamt eine Parabelkurve bilden. Bei passender Lage und Richtung der Spiegel erhält man dann eine Antenne mit guter Richtwirkung, die aber nur noch einen einzigen vom Sender zu speisenden Dipol enthält, also das Speisungsproblem sehr einfach werden läßt. Von den vielen Einzelspiegeln ist es ein sinnvoller Schritt zur stetig gekrümmten Spiegeloberfläche der Abb. 47. Im einfachsten Fall biegt man ein Blech nach einer Parabelkurve. In die Brennlinie dieses Spiegels legt man den Strahler. Nach den Konstruktionen der geometrischen Optik werden dann durch den Spiegel die vom erregenden Dipol ausgehenden Strahlen in parallele Strahlen verwandelt. Physikalisch bedeutet dies, daß die vom Strahler ausgehende Welle mit kreisförmigen Fronten (Abb. 15) in eine gebündelte Welle mit nahezu ebener Front verwandelt wird. Bei den Hohlspiegeln der Optik ist der Spiegeldurchmesser meist ein Vielmillionenfaches der Wellenlänge des verwendeten Lichts und die Bündelung daher extrem scharf. Bei den größeren Wellenlängen der Funktechnik ist das Verhältnis von Spiegelgröße zur Wellenlänge wesentlich kleiner als beim Lichtspiegel, und es entsteht ein Strahlungskegel nach Abb. 34, für den auch hier annähernd die Formeln von Seite 77 gelten, wenn a_1 die Höhe und a_2 die Breite der Spiegelöffnung ist. Ein solcher Spiegel wurde bereits von HERTZ bei Versuchen im Jahre 1888 benutzt. Er hatte das Ziel, die Gleichheit der von ihm entdeckten Wellen mit den Lichtwellen zu beweisen, und zeigte durch diesen Versuch mit einem parabolischen Spiegel, daß sich seine Wellen wie Lichtwellen bündeln ließen. Auch MARCONI experimentierte 1896 und nochmals 1916 mit solchen Richtantennen bei Wellenlängen von etwa 10 m, wobei der Spiegel durch parallele Drähte (wie in Abb. 46) erzeugt wurde. Endgültig

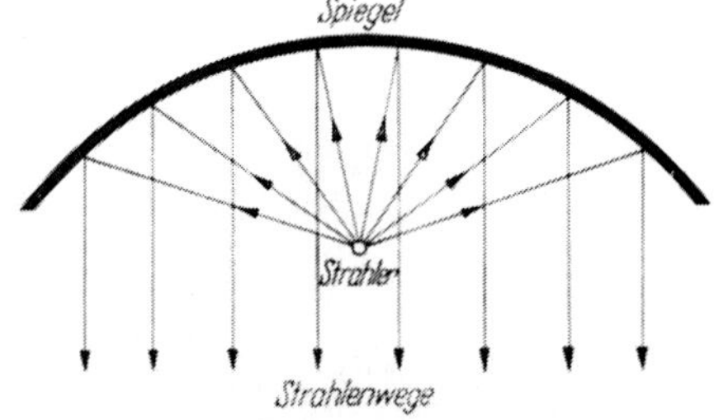

Abb. 47. Parabolischer Spiegel

Abb. 48. Zylindrischer Parabolspiegel aus dem Jahre 1925 (Werkphoto Telefunken)

in die Funktechnik eingeführt wurde er 1924, als man die Brauchbarkeit der Kurzwellen für den Weitverkehr (Abschn. VI) entdeckt hatte. Einen der ersten Spiegel dieser Art zeigt Abb. 48.

Abb. 49. Richtantennen mit Hohlspiegeln (Werkphoto Telefunken)

Der nächste Schritt war dann der Spiegel in Form eines Rotationsparaboloids, entsprechend dem Hohlspiegel der Optik, der die endgültige Lösung für Richtantennen mit sehr scharfer Bündelung wurde. Man kann mit einem Hohlspiegel einen Strahlungskegel mit Winkeln von 1° erzeugen, wenn der Spiegeldurchmesser etwa 50 Wellenlängen groß ist. Um gleiche Richtwirkung mit einer Antenne nach Abb. 43 zu erreichen, würde man etwa 50000 Dipole benötigen. Richtantennen mit sehr scharfer Bündelung kann man also in technisch vernünftiger Form nur nach dem Prinzip des Hohlspiegels bauen. Abb. 49 zeigt solche Richtantennen in verschiedener Größe zur Nachrichtenübertragung für Frequenzen von etwa 2 Milliarden Hertz. Der erregende Strahler sitzt, meist durch eine Kunststoffhülle gegen Wettereinflüsse geschützt, im Brennpunkt des Spiegels, und liegt in Abb. 49 teilweise gut sichtbar ziemlich weit vor dem Spiegel.

C. Die Antenne des Empfängers

Die Welle erzeugt an dem Ort, an dem sie empfangen werden soll, elektrische und magnetische Felder. Die heutigen Empfänger sind stets so aufgebaut, daß man ihnen die empfangene Nachricht in Form von Strömen und Spannungen zuführen muß. Die Aufgabe der Antenne des Empfängers ist es also, aus den ankommenden Feldern der Welle Ströme und Spannungen, die für den Empfänger geeignet sind, zu gewinnen. Es gibt Empfangsantennen, die das magnetische Feld der Welle ausnutzen, um mit Hilfe von Induktionserscheinungen Spannungen zu erzeugen. Es gibt ebenso Empfangsantennen, die das elektrische Feld der Welle verwenden, um durch Influenzerscheinungen Ströme zu erzeugen. Manche Antennen können gleichzeitig das elektrische und das magnetische Feld der Welle empfangen.

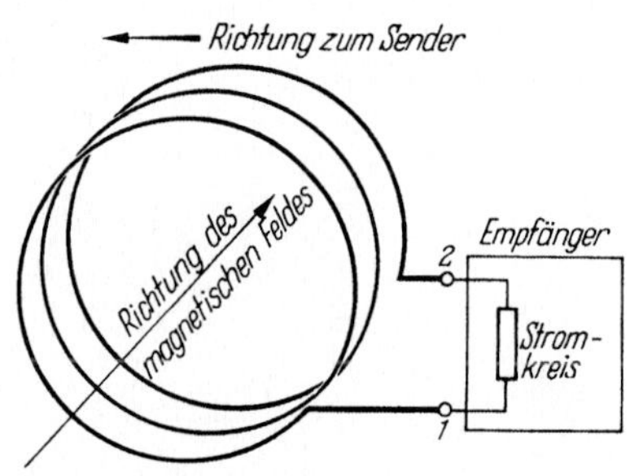

Abb. 50. Rahmenantenne schematisch

Ein Empfang mit Hilfe von Induktionswirkung tritt ein, wenn nach Abb. 12 das zeitlich sich ändernde magnetische Feld der Welle durch einen leitenden Ring tritt und dann in dem Ring Spannungen induziert. Man kann auch mehrere solcher Ringe hintereinanderschalten, wie dies in Abb. 50 schematisch angedeutet ist. Eine solche Kombination nennt man eine Rahmenantenne. Sie wirkt am besten, wenn das magnetische Feld senkrecht durch die Ringfläche tritt. Sie muß also mit der Ringfläche zum Sender hin zeigen, weil die magnetischen Felder nach Abb. 15 den Sender kreisförmig umgeben. In Abb. 50 ist der zu den Ringen aufgewickelte Draht an den Stellen *1* und *2* unterbrochen. Dort wird der Empfänger angeschlossen. Der Eingang des Empfängers enthält stets einen offenen Stromkreis mit den Anschlüssen *1* und *2*. Antenne und Empfängereingang ergänzen sich zu einem geschlossenen Stromkreis, in dem Strom fließt, sobald das magnetische Feld der Welle Spannungen in dem Rahmen induziert. Abb. 51

zeigt eine größere Rahmenantenne für den Empfang niedrigerer Frequenzen. Die Drahtringe des Rahmens sind in einer gemeinsamen Schutzhülle untergebracht.

Den Grundversuch für den Vorgang der Influenz zeigt Abb. 52. Im Feld eines geladenen Kondensators CC′ liegt ein Drahtstück, dessen Enden sich unter der Einwirkung des Feldes durch Influenz

Abb. 51. Rahmenempfangsantenne für niedrigere Frequenzen; Deutscher Wetterdienst in Offenbach (Werkphoto Telefunken)

so aufladen, daß der positiven Elektrode des Kondensators stets das mit negativen Ladungen besetzte Ende des Drahtes zugekehrt ist. Wenn der Kondensator mit Wechselstrom durch eine Quelle B geladen wird, also seine Ladung wie in Abb. 14 wechselt, wandern auch die influenzierten Ladungen im Draht hin und her, weil stets die negative Ladung des Drahtes zur positiven Kondensatorelektrode zeigt. Diese sich im Draht bewegenden Ladungen bilden einen Wechselstrom. Solches geschieht allgemein, wenn sich ein

Draht in irgendeinem elektrischen Wechselfeld befindet, also auch im elektrischen Feld einer Welle. Unterbricht man den Draht wie in Abb. 53 und schaltet in die Unterbrechung den Empfänger ein, so fließt der durch Influenz erzeugte Wechselstrom des Drahtes auch durch den Empfänger und speist diesen. Ebenso wie bei der Rahmenantenne ist es notwendig, auch dieser Empfangsantenne eine bestimmte Richtung im Raum zu geben. Der Draht sollte

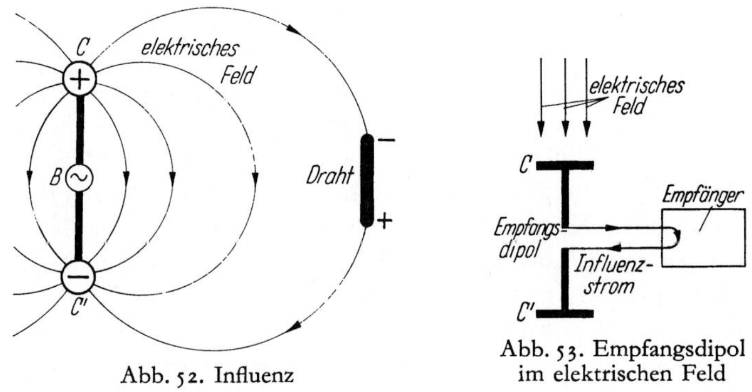

Abb. 52. Influenz

Abb. 53. Empfangsdipol im elektrischen Feld

wie in Abb. 53 ungefähr in Richtung der elektrischen Feldlinien liegen, um bei gegebenem Feld maximale Influenz zu erzielen.

Rein äußerlich unterscheidet sich eine Empfangsantenne nach Abb. 53 nicht von einer Sendeantenne nach Abb. 27, und beide Antennenarten unterliegen im wesentlichen den gleichen Regeln. Zum Beispiel ist der Empfang um so besser, je länger der Draht ist, da das Ausmaß der Influenzwirkung etwa dem Produkt von Drahtlänge und Feldstärke proportional ist. Um den durch die Influenz erzeugten Wechselstrom groß zu machen, versieht man (wie bei der Sendeantenne in Abb. 27) die Enden des Drahtes mit kapazitätsbildenden Elektroden (C und C′ in Abb. 53). Dann sammeln sich an den Drahtenden entsprechend der größeren Oberfläche auch größere Ladungen beim Influenzvorgang. Dadurch werden die den Umladungsvorgang bewirkenden Wechselströme im Draht (und durch den Empfänger) größer. Man kann die Empfangsantenne wie in Abb. 28 auch mit der Erde kombinieren und an den Ort B statt des Senders den Empfänger setzen. Man kann die Abschlußkapazität wie in Abb. 32 senkrecht nach oben legen und kommt zur Stabantenne, die man auch für Empfangszwecke in symmetrischer Form wie in Abb. 33 kennt. Allgemein kann man jede Sendeantenne auch als Empfangsantenne benutzen, wenn man den Sender durch den Empfänger ersetzt. Daher unterscheiden sich in den drahtlosen Übertragungssystemen im allgemeinen die Sendeantennen und die Empfangsantennen nicht, weder in der Größe noch in der Form. Man ist daher meistens erstaunt über den Antennenaufwand, der z. B. im Transozeanverkehr bei den Antennen der Empfangsstationen getrieben wird. Man darf dies nicht mit dem geringen Aufwand vergleichen, den der private Rundfunkhörer mit seiner Empfangsantenne treibt. Denn die Rundfunksender senden mit übertrieben hoher Leistung, um dem Rundfunkhörer einen guten Empfang mit primitivsten Antennen zu ermöglichen. Im kommerziellen Nachrichtenverkehr der Postverwaltungen, bei dem die Wirtschaftlichkeit des Übertragungssystems eine Rolle spielt, ist man dagegen mit Senderleistung sehr sparsam und verwendet stets große und optimale Empfangsantennen.

Die bisher betrachteten Draht- und Stabantennen empfangen Wellen aus allen Richtungen gleich gut, sobald (wie bereits erwähnt und in Abb. 53 angedeutet) der Stab in die Richtung der elektrischen Feldstärke gebracht wird. Man kann aber auch Empfangsantennen mit Richtwirkung bauen, die genau die gleiche Form haben wie die Richtantennen der Sender. Richtwirkung bei Empfangsantennen bedeutet, daß Wellen, die aus verschiedenen Himmelsrichtungen ankommen, verschieden gut empfangen werden. Die ideale Richtantenne empfängt nur diejenigen Wellen, die aus Richtungen innerhalb eines kegelförmigen Trichters wie in Abb. 34 zur Antenne gelangen. Eine Empfangsantenne mit Richtwirkung besteht also auch aus mehreren (mindestens zwei) Einzelantennen oder aus einer Kombination von Dipolantennen und Spiegeln.

Das Zustandekommen der Richtwirkung einer Empfangsantenne und die formale Gleichheit des Verhaltens von Sendeantennen und Empfangsantennen soll am Beispiel der Abb. 54 für zwei Dipole erläutert werden. Bei der Sendeantenne steht der Sender in B. Er speist die Dipole über zwei Zuleitungen, die die Längen b_1 und b_2 haben. Beide Dipole senden Wellen aus, die den in P stehenden Empfänger über Wege mit den Längen a_1 und a_2 erreichen. Bei der gleichen Antenne als Empfangsantenne steht der Sender in P und sendet eine Welle aus, die die beiden Dipole über die Wege a_1 und a_2 erreicht. Die von den Wellen in den Dipolen erzeugten Ströme haben gegeneinander eine zeitliche Verschiebung, wenn die Wege a_1 und a_2 verschieden lang sind. Diese Wechselströme laufen über Leitungen zum Empfänger in B. Diese Leitungen erzeugen nochmals zeitliche Verschiebungen,

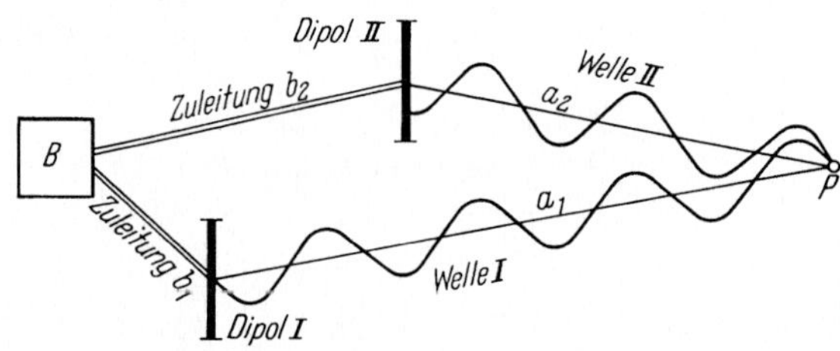

Abb. 54. Empfang mit zwei Dipolen

wenn die Längen b_1 und b_2 verschieden sind. Im Sendefall und im Empfangsfall durchläuft die eine Welle die Wege a_1 und b_1, die andere Welle die Wege a_2 und b_2. Im Empfangsfall ist lediglich die Laufrichtung der Welle (von P nach B) anders als im Sendefall (von B nach P). Die Längen der Wege sind aber in beiden Fällen die gleichen. Daher sind auch die zeitlichen Verschiebungen in beiden Fällen gleich groß. Die zeitliche Differenz, mit der die beiden Wellen im Empfänger ankommen und dort nach Abb. 35 überlagert werden, ist also gleich groß, wenn der Empfänger in P steht und wenn der Empfänger in B steht. Es ist also tatsächlich gleichgültig, ob man diese Richtantenne für den Sender oder für den Empfänger verwendet. In beiden Fällen tritt die gleiche Richtwirkung ein. Allgemein kann man jede Antenne als Sendeantenne oder als Empfangsantenne verwenden und erhält in beiden Fällen gleiche Richtwirkung. Dies liegt letztlich daran, daß stets die Richtwirkung im Sendefall und im Empfangsfall auf zeitlichen Verschiebungen und nachfolgender Addition von Schwingung nach Abb. 35 beruht, wobei die Ursache der zeitlichen Verschiebung entweder Wegunterschiede im freien Raum oder Wegunterschiede in den Zuleitungen sind.

Ein technisches Problem bei allen Antennen mit vielen Dipolen ist das Problem der richtigen Speisung aller Dipole. Dies mit zahlreichen Zuleitungen durchzuführen, ist ein gewisser Aufwand und erfordert viel Sorgfalt. Eine interessante Möglichkeit, Zuleitungen einzusparen, ist folgende: Wenn ein Dipol wie in Abb. 53 im elektrischen Feld der ankommenden Welle liegt, fließen in ihm Ströme. Durch diese Ströme wird der Dipol seinerseits wieder eine Sendeantenne, und von diesem Dipol gehen Wellen aus. Wenn

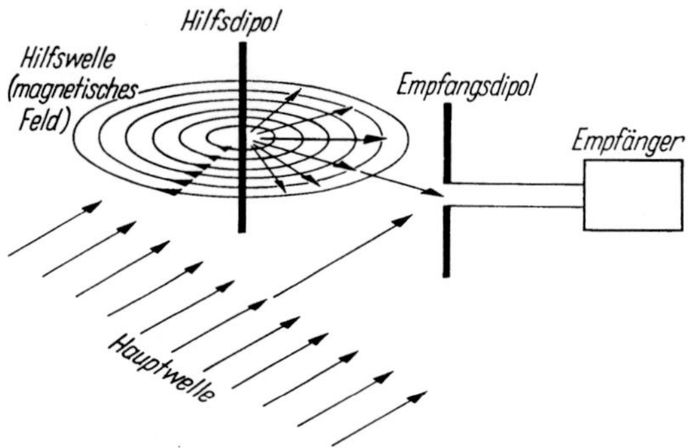

Abb. 55. Dipol mit strahlungserregtem Hilfsdipol

man den Empfangsdipol nicht wie in Abb. 53 in der Mitte unterbricht, sondern ihn wie in Abb. 52 durchgehend metallisch leitend macht, sind in ihm die Ströme größer, als wenn man in den Stromweg des Dipols einen Empfänger schaltet. Durch passende Wahl der Drahtlänge und der Kapazitätselektroden an den Drahtenden kann man in dem durchgehenden Dipol der Abb. 52 Resonanz erzeugen, so daß die Ströme im Dipol sehr groß werden. Ein solcher Resonanzdipol kann dann wieder eine Welle nennenswerter Stärke aussenden. Man nennt ihn dann einen strahlungserregten Dipol. Um eine Empfangsantenne mit Richtwirkung zu erzeugen, ist es vielfach üblich, wie in Abb. 55 nur einen einzigen Dipol über eine Zuleitung an den Empfänger anzuschließen und in seiner Umgebung weitere, nicht an den Empfänger angeschlossene Resonanzdipole anzubringen. Der Empfängerdipol empfängt dann nicht nur die ursprüngliche Welle, sondern auch noch die Wellen, die von den Resonanzdipolen ausgehen. Dies ist in Abb. 55 für einen strahlungserregten Hilfsdipol gezeichnet. Im Empfänger überlagern sich dann wieder zwei Schwingungen wie in Abb. 54. Bei richtiger Lage und richtigem Abstand der Hilfsdipole kann Richtwirkung verschiedenster Art erzeugt werden. Am bekanntesten ist die von dem Japaner YAGI 1928 erfundene Antenne, die in Abb. 56 zu sehen ist und bei der der Empfangsdipol und die Hilfsdipole auf einer Geraden liegen. Bei richtiger Dimensionierung der Anordnung liegt die Hauptempfangsrichtung entlang

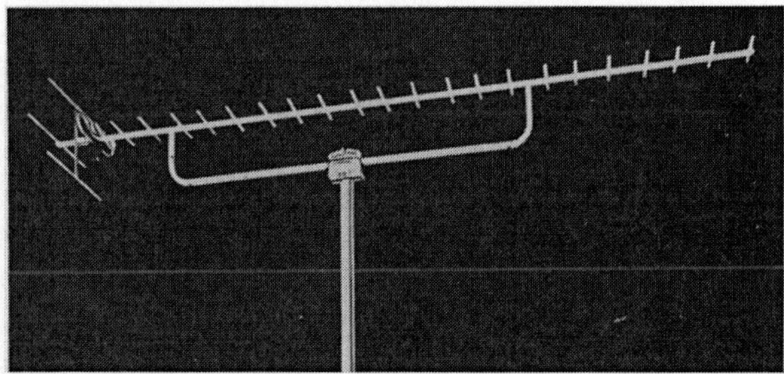

Abb. 56. Empfangsantenne mit einem Empfangsdipol und zahlreichen Hilfsdipolen in geradliniger Anordnung (Werkphoto Siemens & Halske)

der Geraden, längs der die Strahler angeordnet sind. Eine solche Antenne kann natürlich auch als Sendeantenne mit gleicher Richtwirkung verwendet werden, wobei nur ein Dipol vom Sender gespeist und die anderen Dipole durch die vom Senderdipol ausgehende Welle zu Eigenschwingungen angeregt werden und dann ebenfalls Wellen aussenden.

D. Technische Formen der Empfänger

Die Schaffung geeigneter Empfänger war zu allen Zeiten ein mindestens ebenso schwieriges und wichtiges Problem wie die Entwicklung der Sender. Während jedoch ein großer Sender jedem als eine imponierende technische Tat erscheint, bleiben Empfänger klein und unscheinbar und lassen nach außen hin kaum erkennen, welche erhebliche geistige Arbeit in sie hineingesteckt werden mußte. Einige Zahlen mögen die Problematik der Empfänger erläutern. Ein Rundfunksender, dessen Antenne eine Leistung von 100 Kilowatt ausstrahlt, liefert bei Verwendung von Antennen mit kleiner Richtwirkung in 100 km Entfernung einem Empfänger etwa eine Leistung von 1 Hunderttausendstel Watt. Dies ist ungeheuer wenig, wenn man bedenkt, daß bereits 1 Tausendstel Watt das geringste ist, was unsere empfindlichen Hautnerven noch deutlich als Wärmewirkung wahrnehmen würden, wenn wir diese Leistung auf einem sehr kleinen Bereich unserer Haut konzentrieren würden. Die Überbrückung größerer Entfernungen gelingt also nur dann, wenn wir Gebilde schaffen können, die noch auf kleinste Leistungen deutlich reagieren. Den Rekord an Empfindlichkeit stellen wohl die Empfänger einiger moderner Radargeräte dar, die empfangene Leistungen weit unter 1 Billionstel Watt noch deutlich registrieren. Solche Minimalleistungen entziehen sich unserem Vorstellungsvermögen.

Den technischen Nutzen sehr empfindlicher Empfänger erkennt man an folgendem: Wenn es gelingt, die Empfindlichkeit des Empfängers so zu verbessern, daß die benötigte Empfangsleistung auf ein Zehntel herabgeht, kann man bei der drahtlosen Übertragung bei gleicher Qualität des Empfangs die Senderleistung auf ein Zehntel herabsetzen und dadurch natürlich erhebliche Einsparungen beim Bau und beim Betrieb des Senders machen. Für die Wirtschaftlichkeit einer drahtlosen Nachrichtenverbindung kann dies sehr bedeutsam sein, weil der finanzielle Aufwand für den Empfänger, der durch die Verbesserungen zusätzlich auftritt, normalerweise nicht so groß ist wie die Einsparung beim Sender. Lediglich für Rundfunksender können solche Überlegungen falsch sein; denn ein Rundfunksender bedient Millionen von Empfängern, und es könnte sehr unwirtschaftlich sein, beim Bau eines Rundfunksenders etwas Leistung zu sparen und dann in Millionen von Empfängern teure Verbesserungen einzubauen. Daher treibt man bei Rundfunksendern stets sehr großen Aufwand hinsichtlich der Senderleistung, um die Empfänger billig gestalten zu können.

Der bereits in Abb. 16 beschriebene Kohärer war zwar anfangs sehr bedeutsam, mußte aber naturgemäß unempfindlich sein, da in ihm das Pulver durch Funkenwärme verschweißt wird, wozu eine gewisse, nicht sehr kleine Energie benötigt wird. Es sind seinerzeit zahlreiche Versuche gemacht worden, durch Ausnutzung magnetischer, elektrolytischer und anderer Erscheinungen den Kohärer zu ersetzen und dadurch ebenfalls elektromagnetische Vorgänge zur Anzeige zu bringen; jedoch war der Energiebedarf aller dieser Vorgänge nicht klein genug. Die weitere Entwicklung führte zu der Erkenntnis, daß der Vorgang mit kleinstem Energiebedarf die Bewegung von Elektronen unter dem Einfluß der von der Empfangsantenne erzeugten Spannungen ist. Bereits mit kleinster Energie kann man Elektronen in Bewegung setzen. Bewegte Elektronen bilden einen Strom, der zunächst ein Wechselstrom ist, weil die Empfangsantenne Wechselspannungen der empfangenen Frequenz liefert. Ein solcher Strom ist nicht ohne weiteres erkennbar, sondern es muß noch ein weiterer Vorgang hinzukommen, der das Fließen dieser Wechselströme in einfacher Weise zur Anzeige bringt. Hierzu verwendet man seit Jahrzehnten ausschließlich den sogenannten Gleichrichtereffekt. Man braucht dazu ein Widerstandsgebilde, dessen Widerstand abhängig ist von der Richtung, in der der Strom durch den Widerstand fließt. Ein Gebilde, das einem Strom in der einen Flußrichtung wesentlich weniger Widerstand entgegensetzt als einem Strom in der entgegengesetzten Richtung, nennt man einen Gleichrichter. Legt man an einen solchen Gleichrichter eine Wechselspannung, also eine Spannung wechselnder Richtung, so erzeugt diese in dem Widerstand einen Strom wechselnder Richtung. Jedoch wird dieser Strom in der einen Richtung, in der der Widerstand klein ist, groß sein und in der anderen Richtung, in der der Widerstand groß ist, klein sein. Den durch einen solchen Gleichrichter erzeugten Wechselstrom zeigt Abb. 57 in seinem zeitlichen Verlauf. Dieser Wechselstrom hat einen Überschuß von Strom in der einen Richtung (in Abb. 57 nach oben). Dieser Überschußstrom kann zum Aufladen eines Kondensators verwendet und dann an diesem Kondensator eine Gleichspannung gemessen werden. Dieser „gleichgerichtete“ Strom fließt, solange die Empfangsantenne Spannungen liefert, und die an den Kondensator entstehende Spannung ist daher ein Nachweis für die in die Empfangsantenne

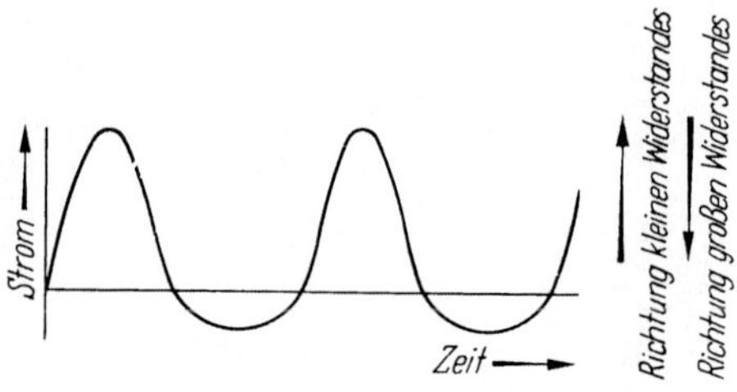

Abb. 57. Unsymmetrischer Wechselstrom

einfallende Welle. Hat man einen mit einer Nachricht modulierten Sender (Abschn. VII), so ist der durch diese gleichgerichteten Ströme aufgeladene Kondensator der Ausgangspunkt zur Gewinnung dieser Nachricht (Musik, Fernsehbild usw.) im Empfänger.

Den ersten Gleichrichter entdeckte BRAUN (Abb. 18) 1874 bei der Untersuchung der elektrischen Leitfähigkeit von natürlichen Metallsulfidkristallen (Bleiglanz, Kupferkies, Pyrit). Abb. 58 zeigt einen solchen Gleichrichter, damals „Kristalldetektor" genannt, in einer früher üblichen Form. Führt man dem Kristall die Spannung über eine federnde Metallspitze mit leichtem Druck zu, so hat diese Anordnung einen kleinen Widerstand, wenn der Strom über den Draht in den Kristall hineinfließt, aber einen großen Widerstand, wenn der Strom aus dem Kristall heraus in den Draht fließt. Das in Schaltbildern verwendete Symbol für einen Gleichrichter ist wegen dieser Anordnung noch heute ein spitzes Dreieck, das auf eine ebene Fläche aufgesetzt ist. (Abb. 58 rechts). Dieser Kristalldetektor wurde 1906 von BRAUN erfolgreich in die Funktechnik eingeführt und stellte einen wesentlichen Fortschritt gegenüber dem Kohärer dar, und zwar nicht nur wegen der besseren Funktion. Der Kohärer mußte nach Abb. 16 ja stets wieder geschüttelt werden und brauchte daher jeweils etwa eine Zehntel Sekunde, um nach dem Zusammenschweißen des Pulvers durch Schütteln wieder betriebsbereit zu sein. Der Kohärer konnte also überhaupt nur zehnmal in der Sekunde empfangen. Dies reichte für eine langsame Morsetelegraphie aus, aber nicht für den Empfang von Sendern, die mit schnelleren Zeichen, z. B. Telefongesprächen, moduliert waren und für deren Empfang der Kohärer mindestens 5000mal in der Sekunde hätte empfangsbereit sein müssen, um den schnellen Schwankungen der Sprache folgen zu können. Der nahezu trägheitslos arbeitende Kristalldetektor war dagegen laufend betriebsbereit und ermöglichte den Empfang beliebiger Nachrichten. Nur dadurch wurde die drahtlose Übertragung von Sprache und Musik möglich. Die Schaltung des

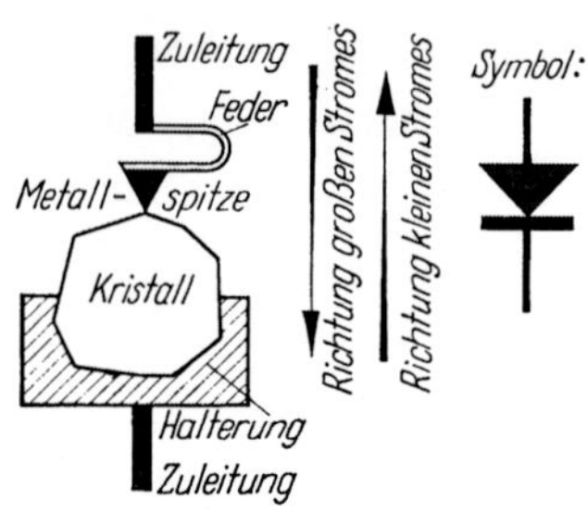

Abb. 58. Kristalldetektor und Schaltungssymbol

Braunschen Empfängers war die gleiche wie die seines Senders nach Abb. 19, wobei die Funkenstrecke und der Induktor durch den Gleichrichter, einen Kondensator und das Telefon ersetzt waren. Derartige Detektorempfänger waren noch in den Anfangszeiten des Rundfunks in zahlreichen privaten Haushalten zu finden.

Eine störende Eigenschaft dieser Detektoren aus natürlichen Kristallen war ihre Unzuverlässigkeit. Die Gleichrichterwirkung war für die einzelnen Punkte der Kristalloberfläche sehr verschieden und abhängig vom Druck der aufgesetzten Metallspitze. Man mußte mühsam einen passenden Punkt auf der Kristalloberfläche suchen und sorgfältig die Metallspitze aufsetzen; die geringste Erschütterung verschob alles wieder, und man mußte von vorn beginnen. In den Anfängen des Rundfunks gab es manche Familientragödie, wenn ein Familienmitglied versehentlich den Empfänger erschütterte, und dann der Empfang in den interessantesten Momenten für Minuten ausblieb, bis der Detektor neu eingestellt war. Ein erheblicher Fortschritt war daher die Hochvakuumdiode mit Glühkathode, die schon in Abb. 23 beschrieben wurde. In dieser Diode können Elektronen nur in der Richtung von der Kathode zur Anode fließen, nicht in umgekehrter Richtung. Eine solche Diode hat also gleichrichtende Wirkung. Legt man in Abb. 23 an die Stelle der Spannung U die empfangene Wechselspannung, so zeigt der Strommesser einen Gleichstrom an. In die drahtlose Telegrafie wurde diese Diode 1905 von FLEMING eingeführt, und sie war die erste Hochvakuumröhre in der Funktechnik. Eine solche Hochvakuumdiode arbeitet sehr zuverlässig und konstant, und sie war daher viele Jahre lang der Gleichrichter in allen hochwertigen Empfängern.

Mittlerweile war in jahrzehntelanger Forschung die Ursache des Gleichrichtereffekts bei den Kristallen gefunden worden. Das Resultat der Untersuchungen hatte weittragende Folgen und soll daher etwas eingehender betrachtet werden. Ein idealer Kristall ist völlig regelmäßig aus seinen Atomen aufgebaut und zeigt dies auch äußerlich an seiner geometrisch einfachen und regelmäßigen Form. Solche idealen Kristalle entstehen sehr selten und sind insbesondere in der Natur kaum zu finden. Wenn der Kristall während des Wachsens erschüttert wird oder wenn sich während dieser Zeit der von der Umgebung ausgeübte Druck ändert, wird das Kristallgefüge fehlerhaft und unregelmäßig. Auch ist jede Substanz in der Natur durch fremde Atome verunreinigt und diese fremden Atome stören ebenfalls den regelmäßigen Aufbau des Kristalls. Während ideale Kristalle sehr schlechte Leiter sind, werden durch die genannten Störungen des Kristallaufbaus zahlreiche Elektronen in ihrer Bindung an die Atome gelockert. Diese Elektronen können sich dann beim Anlegen einer elektrischen Spannung im Kristall bewegen, und der Kristall erhält durch die beweglichen Elektronen eine höhere elektrische Leitfähigkeit. Man nennt einen solchen Stoff dann einen Halbleiter. Der Gleichrichtereffekt entsteht in einer Anordnung, die in Abb. 59 schematisch gezeichnet ist. Berühren sich zwei verschieden aufgebaute Stoffe a und b, in denen eine Bewegung von Elektronen möglich ist (z. B. Metall und Halbleiter oder zwei verschiedene Halbleiter), so entsteht zwischen beiden eine dünne Grenzschicht, in der die beiden Stoffe sich gegenseitig beeinflussen. Insbesondere entstehen bei der Berührung verschiedenartiger Substanzen in der Grenzschicht elektrische Felder dadurch, daß einige der frei beweglichen Elektronen von dem einen Gebiet ins Nachbargebiet übertreten. Die verschiedenen atomaren Energieverhältnisse in den Gebieten a und b können dabei den Übertritt von Elektronen z. B. von a nach b leichter machen als den Übertritt von b nach a. Legt man eine Spannung an die Zuleitungen dieser Kombination, so muß der entstehende Strom durch die Grenzschicht fließen. Sämtliche Elektronen des Stromes sind beim Durchtritt den genannten Wirkungen der Grenzschicht ausgesetzt, und so entsteht der beobachtete Gleichrichtereffekt.

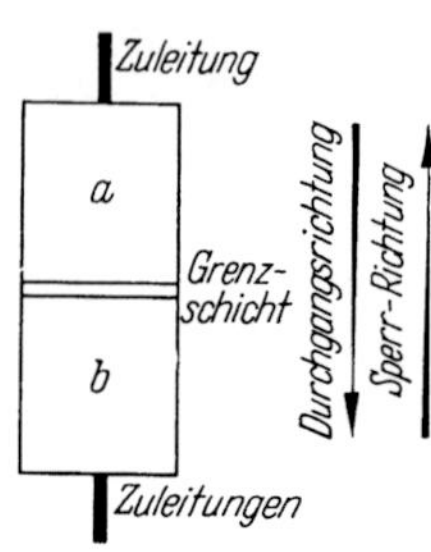

Abb. 59. Grenzschicht zwischen Halbleitern

Nachdem dieser Vorgang erkannt war, gelang es um 1942 mehreren Forschern, solche Gleichrichter künstlich herzustellen, indem sie unmittelbar die in Abb. 59 dargestellte Anordnung nachbildeten. Ein Grundstoff, z. B. Silizium, wurde in definierter Weise durch fremde Atome verunreinigt und dadurch ein Halbleiter. Ein Gleichrichter entsteht, wenn man zwei verschieden verunreinigte Stücke von Halbleitern in einer Grenzschicht in direkte Berührung bringt. Bei solchen künstlichen Gleichrichtern kann man Art und Menge der Störatome so wählen, daß ein optimaler Gleichrichter entsteht, der über lange Zeit konstant arbeitet und gegen Erschütterungen weitgehend unempfindlich ist. Bei einem sehr guten künstlichen Gleichrichter kann der Stromdurchgang in derjenigen Richtung, in der die Grenzschicht schlecht leitet, soweit unterdrückt werden, daß nahezu überhaupt kein meßbarer Strom fließt. Die Grenzschicht wirkt dann wie eine Sperre für die eine Stromrichtung. Bei einem solchen Gleichrichter unterscheidet man eine Durchlaßrichtung, in der Strom fließen kann, und eine Sperrichtung, in der kein Strom fließt. Diese künstlichen Halbleiterdioden waren einer der wichtigsten Fortschritte beim Empfang elektromagnetischer Wellen in den letzten Jahrzehnten. Man benötigte sie insbesondere dringend im zweiten Weltkrieg für den Empfang der extrem hohen Frequenzen der Radargeräte, bei denen die Hochvakuumdioden kaum noch brauchbar waren. Diese künstlichen Halbleiterdioden beherrschen heute die gesamte Empfängertechnik.

In der bisher beschriebenen einfachsten Anwendungsform erfüllt allerdings die Gleichrichterdiode bei weitem noch nicht alle Wünsche. Der Gleichrichtereffekt einer Hochvakuumdiode oder einer Halbleiterdiode tritt nämlich bei sehr kleinen Wechselspannungen nicht auf. Der Vorgang, der die in beiden Stromrichtungen verschiedenen Durchlaßeigenschaften der Diode hervorruft, benötigt stets gewisse Mindestspannungen von einigen Zehntel Volt, um wirksam zu sein. Der Nachweis des Empfangs von Wellenenergie durch die besten Dioden endet daher bei Leistungen von etwa 1 Millionstel Watt. Dies ist zwar im Vergleich zu anderen Nachweismethoden schon sehr gut, aber entspricht den Forderungen der modernen Nachrichtentechnik durchaus noch nicht. Daher kombiniert man seit langem die Diodenwirkung mit weiteren Effekten, von denen vorzugsweise zwei Verfahren üblich sind, die Verstärkung und die Überlagerung.

Seitdem man steuerbare Elektronenröhren kennt, mit denen man Leistungen verstärken kann, besteht die Möglichkeit, zwischen die Antenne und die Gleichrichterdiode Verstärker zu schalten und dadurch die Spannung am Gleichrichter auf günstigere

Werte zu erhöhen. Die älteste Form der Verstärkerschaltung ist die Triodenschaltung nach Abb. 25. Die in dieser Schaltung erzielbare Verstärkung war zunächst nur gering, konnte aber durch die Entwicklung von Mehrgitterröhren um 1925 herum endgültig auf brauchbare Werte erhöht werden. Für die damals üblichen, noch relativ niedrigen Frequenzen waren dadurch alle Probleme gelöst. Mit wachsender Frequenz wird jedoch die Verstärkung durch Elektronenröhren aus verschiedenen Gründen kleiner, so daß es besonderer Anstrengungen bedurfte, die Verstärker im Laufe der Zeit für immer höhere Frequenzen geeignet zu machen. Im Jahre 1940 lag die Grenze befriedigender Verstärkung etwa bei 20 Millionen Hertz, heute etwa bei 1 Milliarde Hertz. Als offenbar äußerste Grenze, bei der überhaupt eine Verstärkung mit gittergesteuerten Elektronenröhren möglich ist, muß man Frequenzen von 4 Milliarden Hertz ansehen.

Im letzten Jahrzehnt ist ein neues Verstärkerelement gefunden worden, der Transistor. Der Transistor ist ein Halbleiterelement mit Grenzschichten wie bei der Diode in Abb. 59. Wie bei der Triode kann der durch den Halbleiter fließende Strom durch Vorgänge in der Grenzschicht gesteuert werden. Der heutige Transistor hat zwar geringere Verstärkung als eine Elektronenröhre, und die Verstärkung bei sehr hohen Frequenzen ist ein Problem. Dennoch hat der Transistor schon jetzt die Hochvakuumröhre weitgehend verdrängt und wird dies noch weiter tun, weil er teilweise entscheidende Vorteile gegenüber einer Hochvakuumröhre hat. Die Jahresproduktion der Welt beträgt zur Zeit etwa 2 Milliarden Transistoren.

Die Verstärkung extrem hoher Frequenzen ist aber immer noch ein Problem. Es gibt bereits eine Anzahl von Möglichkeiten, auch bei extrem hohen Frequenzen zu verstärken, jedoch ist noch nicht zu erkennen, welche Methoden sich endgültig durchsetzen werden. Diese Verstärkung extrem hoher Frequenzen ist aber deshalb nicht so allgemein bedeutungsvoll, weil man der Notwendigkeit der Verstärkung dieser Frequenzen durch das im folgenden beschriebene Verfahren der Überlagerung entgehen kann. Da jeder Gleichrichter gewisse Mindestspannungen benötigt, um seine Grenzschicht zu einem technisch brauchbaren Gleichrichtereffekt zu veranlassen, greift man bei Vorliegen sehr kleiner Spannungen zu einem wirksamen Hilfsmittel. Neben der in Abb. 60a gezeichneten kleinen Empfangswechselspannung legt man an den Gleichrichter zusätzlich eine hinreichend große Wechselspannung, die in Abb. 60b gezeichnet ist und aus einer in den Empfänger eingebauten selbstständigen Quelle (meist „Oszillator“ genannt) stammt. Die Frequenz dieser Hilfswechselspannung ist verschieden von der Frequenz der empfangenen kleinen Wechselspannung.

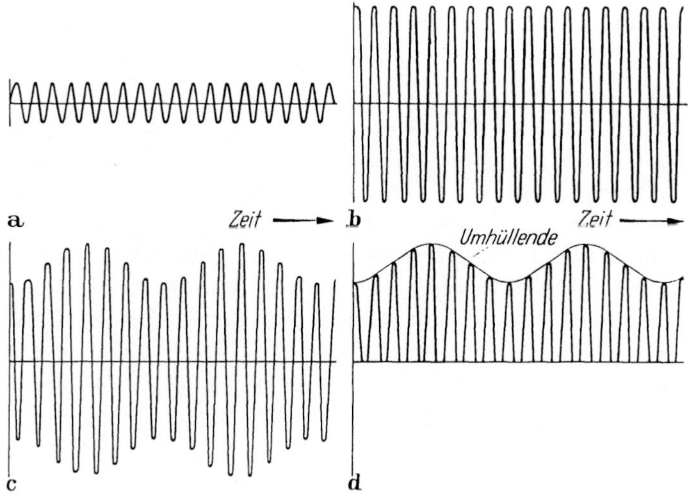

Abb. 60. Gleichrichtung nach Überlagerung

Man addiert die beiden Wechselspannungen und erhält als Summe in Abb. 60c eine Wechselspannung, deren Amplitude periodisch schwankt. Die Frequenz dieser Amplitudenschwankungen ist gleich der Differenz der Frequenz der empfangenen Schwingung der Abb. 60a und der Hilfsschwingung der Abb. 60b. In der Physik bezeichnet man einen solchen Vorgang als „Schwebung“; die Elektrotechniker sprechen von „Überlagerung“. Ein Empfänger mit solchen Einrichtungen wird als „Schwebungsempfänger“ oder „Überlagerungsempfänger“ bezeichnet. Die Amerikaner nennen ihn einen „Superheterodyne-Empfänger“, heute in volkstümlicher Abkürzung einfach einen „Super“.

Gibt man die Summe der Abb. 60c auf einen Gleichrichter, so bietet man dem Gleichrichter die von ihm benötigten hohen

Spannungen, und er arbeitet sehr günstig. Ein idealer Gleichrichter, der die Ströme der einen Richtung vollständig unterdrückt, erzeugt den in Abb. 60d gezeichneten Strom, der den schwankenden Amplituden der Wechselspannung der Abb. 60c genau folgt. Dieser aus dem Gleichrichter kommende Strom lädt den bereits genannten Kondensator so auf, daß die Spannung an diesem Kondensator einen Verlauf hat wie die in Abb. 60d gezeichnete „Umhüllende" des Stromverlaufs. Die Schwankungen der Umhüllenden entsprechen den periodisch schwankenden Amplituden der Abb. 60c und sind durch die Wechselspannung der Abb. 60a verursacht. Die Frequenz der Schwankungen der Umhüllenden ist gleich der Differenz der Frequenzen der Schwingungen der Abb. 60a und b. Diese Frequenz nennt man die Zwischenfrequenz. Die Wechselspannung der Abb. 60a, deren Frequenz die hohe Frequenz der empfangenen Welle ist, erzeugt also mit Hilfe des Gleichrichters und der Hilfsschwingung der Abb. 60b eine Wechselspannung wesentlich niedrigerer Frequenz nach der Umhüllenden der Abb. 60d. Man nennt daher eine Diode mit Hilfsfrequenz auch einen Frequenzwandler. In einem modernen Empfänger sind solche Frequenzwandler mit Verstärkern in verschiedenster Weise kombiniert. In neuerer Zeit hat diese Frequenzwandlung ihre besondere Bedeutung für den Empfang sehr kleiner Leistungen bei sehr hohen Frequenzen, bei denen eine Verstärkung nicht möglich oder noch unbefriedigend ist. Durch Zusetzen einer geeigneten Hilfsfrequenz kann man mit einer Halbleiterdiode die empfangene Frequenz in eine wesentlich niedrigere Frequenz umwandeln und dann auf dieser niedrigeren Frequenz die Verstärkungsvorgänge einfacher und erfolgreicher betreiben. Dieser Vorgang der Frequenzwandlung mit Halbleiterdioden ist daher bis heute die Grundlage für den Empfang sehr hoher Frequenzen, aber auch sonst in hochwertigen Empfängern üblich.

Im Prinzip ist es bereits möglich, durch Kombination der bisher genannten Verfahren bis zu Frequenzen von 10 Milliarden Hertz (Wellenlängen von 3 cm) beliebig hohe Verstärkung zu machen, also beliebig kleine Empfangsleistungen auf das für die Gleichrichtung erforderliche Niveau zu heben. Jedoch gibt es eine praktisch nicht überschreitbare Grenze dadurch, daß neben der empfangenen Spannung unvermeidbar auch fremde, störende Wechselspannungen vorhanden sind, die durch den Empfänger ebenfalls verstärkt werden. Wenn die empfangene Spannung kleiner ist als diese Störungen, so wird die empfangene Leistung unerkennbar, unabhängig davon, wie hoch man sie verstärkt, da die Störungen durch die Verstärkung in gleichem Maße angehoben werden. Hierbei interessieren nicht so sehr die vermeidbaren Störungen, die durch Funktionsfehler der Empfangsapparatur oder z. B. durch Funken in elektrischen Geräten oder Schaltern der Nachbarschaft (Elektromotoren, Kraftfahrzeugmotoren) entstehen. Prinzipiell störend sind gewisse *unvermeidbare* Störursachen. Diese können von außen in die Empfangsantenne eindringen (externe Störungen) oder im Empfänger selbst entstehen (interne Störungen). Auf jeden Fall sind Kenntnisse über diese Störungen äußerst wichtig, weil sie die Grenzen jeder Nachrichtenübertragung festlegen, und die Effekte, die solche Störungen erzeugen, sind daher in den letzten 20 Jahren mit ungewöhnlicher Intensität studiert worden. Die Nachrichtentechnik ist heute daran interessiert, jede ihr gestellte Aufgabe mit kleinstem Aufwand zu lösen, also mit kleinster Senderleistung und kleinsten Richtantennen. Sie möchte dem Empfänger nicht mehr Wellenenergie liefern, als der Empfänger wirklich benötigt. Man muß daher die unterste Grenze der Leistung kennen, die der Empfänger bei optimalem Aufbau seiner Schaltung zur Erfüllung seiner Aufgabe benötigt. Diese Ideenentwicklung ist typisch für die Entwicklung der Technik überhaupt. Anfangs ist man froh, wenn ein neues Verfahren überhaupt funktioniert. Später ist man bemüht, das Verfahren optimal zu gestalten, also die Aufgabe immer einwandfreier und mit kleinstem Aufwand zu lösen. So gibt es bei jeder großen Erfindung das Zeitalter der wagemutigen Pioniere und das Zeitalter der fleißigen Vollender. Beide Menschentypen sind psychologisch völlig verschieden; zum endgültigen Gelingen sind beide notwendig. Die Menschheit jedoch bewundert meist nur den Pionier, während die geistigen Leistungen der Vollender oft wesentlich größer sind als die der Pioniere.

Die Störspannungen, die die Antenne aus dem umgebenden Raum empfängt, nennt man „atmosphärische Störungen“. Ihre Ursache sind vorzugsweise elektrische Entladungen in der Atmosphäre. Die Blitze der Gewitter als schnell veränderliche Stromvorgänge erzeugen elektrische und magnetische Felder, die nach dem Aufhören des Blitzes schnell zerfallen und deren Energie infolge Fehlens irgendwelcher Leiter sich dann im Raum wie in Abb. 10 und 11 zerstreut. Die von einem einzelnen Blitz erzeugte Welle hat keine definierte Frequenz, sondern ist ein Impulsvorgang, der ein breites Frequenzspektrum enthält. Er kann daher mit Empfangsapparaturen auf jeder Frequenz seines breiten Spektrums empfangen werden und macht sich in den Empfängern in knallähnlicher Form bemerkbar, soweit die Welle in die Empfangsantenne hinreichend stark einfällt. Die Einzelblitze örtlicher Gewitter sind aber wegen ihrer relativen Seltenheit weniger interessant als die dauernde Gewittertätigkeit auf der Erde insgesamt. Im Mittel herrschen auf der Erde gleichzeitig 1000 bis 2000 Gewitter und in jeder Sekunde erfolgen durchschnittlich 20 bis 100 Blitze. Die Hauptzentren solcher Gewitter liegen in Zentralafrika, Hinterindien und Südamerika. Die von einem Blitz erzeugte Welle breitet sich jedoch über sehr große Entfernungen aus, so daß auch in Europa noch wesentliche atmosphärische Störungen als Prasseln oder Rauschen mit veränderlicher, aber doch meist nennenswerter Stärke bemerkbar werden.

Man beobachtet, daß diese Gewitterstörungen mit wachsender Frequenz schwächer werden. Dies hat verschiedene physikalische Gründe. Die Dauer der Blitze liegt in der Größe von 1 Zehntausendstel Sekunde. Das Spektrum solcher Impulse nimmt dann prinzipiell oberhalb von 10000 Hertz mit wachsender Frequenz ab. Ferner ist die Strombahn des Blitzes seine eigene Antenne, die wegen der üblichen großen Längen der Blitzbahnen zweifellos für die Abstrahlung sehr großer Wellenlängen sehr gut, aber für die Abstrahlung kürzerer Wellenlängen meist weniger geeignet ist. Im Abschnitt VI wird ferner gezeigt, daß die Ausbreitung der Wellen längs der Erde mit wachsender Frequenz schlechter wird. Die in einer vom Blitz erzeugten Wellenfront enthaltenen höheren Frequenzen nehmen daher mit wachsender Entfernung vom Gewitter auch schneller ab als die niedrigen Frequenzen. So erklärt es sich, daß in Europa die Störungen durch ferne Gewitter beim Empfang niedrigerer Frequenzen wesentlich stärker sind als beim Empfang höherer Frequenzen. Störungen des Empfangs bei Frequenzen oberhalb von 30 Millionen Hertz (Wellenlänge 10 m) sind kaum noch vorhanden. Für diese unterschiedliche Reichweite der in einer Blitzwelle enthaltenen Frequenzen gibt es eine akustische Analogie. Auch die Schallwellen breiten sich in der Luft bei niedrigeren Frequenzen besser aus als bei höheren Frequenzen. Daher erzeugen Blitze in großer Nähe einen lauten Knall; in größerer Entfernung entsteht der bekannte Donner, dem die höheren akustischen Frequenzen schon fehlen; aus sehr großen Entfernungen kommt nur noch ein dumpfes Grollen mit sehr niedrigen Frequenzen.

Der Empfang sehr hoher Frequenzen ist also nahezu frei von atmosphärischen Störungen und kann mit wesentlich kleineren Leistungen erfolgen als bei niedrigeren Frequenzen. Unvorstellbar kleine Leistungen von 1 Billionstel Watt werden dann mit hinreichend großer Verstärkung deutlich empfangen. Bei Frequenzen über 30 Millionen Hertz wird daher die untere Leistungsgrenze des Empfängers durch die unvermeidbaren internen Störungen festgelegt, also durch Störquellen, die im Empfänger selbst liegen und durch ein besonderes Verhalten der Elektronen in den Leitern, Halbleitern und Hochvakuumröhren entstehen. Der englische Botaniker Brown entdeckte bereits 1827 unter dem Mikroskop, daß sich sehr kleine, im Wasser schwebende Teilchen in einer regellosen, heftigen Bewegung befinden. Später erkannte man, daß diese Bewegungen dadurch entstehen, daß sich alle Moleküle dauernd in einer regellosen Bewegung befinden, die man als Wärmebewegung bezeichnet. Für die Moleküle in Gasen war dies schon 100 Jahre früher von Bernoulli vermutet worden. Diese Zickzackbewegungen der Moleküle erzeugen die von Brown beobachteten Bewegungen der kleinen Teilchen. In Körpern, die eine elektrische Leitfähigkeit, also frei bewegliche Elektronen besitzen, haben auch diese Elektronen eine eigene regellose Bewegung. Diese sich bewegende Elektronen stellen Ströme dar, die in jedem Leiter fließen, ohne daß man äußere Spannungen an dem Leiter anlegen muß. Diese regellosen Elektronenströme haben den Charakter von Wechselströmen, wobei sich jedoch infolge der Regellosigkeit der Vorgänge die Freuqenz und die Amplitude der Wechselströme laufend ändern. Die ungeheuer große Zahl der sich in einem Leiter bewegenden Elektronen führt zwar dazu, daß sich diese Ströme der Elektronen gegenseitig weitgehend aufheben, jedoch bleibt stets ein sehr kleiner, durchaus meßbarer Strom dieser Art nach. NYQUIST stellte 1928 eine Theorie dieser Ströme auf, die bald danach von vielen Forschern experimentell nachgeprüft werden konnte, nachdem inzwischen die Verstärkertechnik soweit entwickelt war, daß man diese schwachen Vorgänge verstärken konnte. Ebenso ist auch der Austritt von Elektronen aus der Kathode in Hochvakuumröhren ein regelloser Vorgang. Die Ursache des Elektronenaustritts aus einer Kathode ist die durch die hohe Temperatur besonders heftige Wärmebewegung der Elektronen im Kathodenmaterial, wobei besonders schnelle Elektronen aus der Kathode herausfliegen und den Strom durch das Vakuum bilden. Infolge der sehr großen Zahl der an dem Elektronenstrom der Röhre beteiligten Elektronen entsteht dabei im Mittel zwar ein recht konstanter Gleichstrom durch die Röhre, aber dieser Strom enthält stets kleine unregelmäßige Schwankungen meßbarer Größe. Dieser Effekt wurde 1918 von SCHOTTKY theoretisch vorausgesagt. Bei Halbleitern mit Grenzschichten nach Abb. 59 betrifft dies auch den Durchgang von Elektronen durch die Grenzschichten, so daß auch durch die Grenzschichten dauernd kleine regellose Ströme in beiden Richtungen fließen.

Alle Bestandteile des Empfängers besitzen also bereits wechselstromartige Ströme auch dann, wenn die Antenne noch keine Wechselströme liefert. Verstärkt man diese regellosen Ströme hinreichend, so werden sie im Telefon oder Lautsprecher am Ausgang des Empfängers hörbar und klingen wie das Rauschen eines Wasserfalls. Man nennt diese Vorgänge daher heute meist „Rauschen“, richtiger jedoch „Schwankungserscheinungen“. Auf der Bildröhre eines Fernsehempfängers erzeugt das Rauschen ein unregelmäßiges Aufblitzen kleiner Lichtpunkte an dauernd wechselnden Orten. Es ist einzusehen, daß man im Empfänger die durch die ankommenden Wellen mit Hilfe der Empfangsantenne erzeugten Wechselströme grundsätzlich nicht mehr erkennen kann, wenn diese Wechselströme kleiner sind als die regellosen Rauschströme des Empfängers. Daher muß die Empfangsantenne dem Empfänger eine Mindestleistung zuführen, um den gewollten Empfang neben dem Rauschen erkennbar zu machen. Diesen Rauschvorgängen hat man in den letzten 20 Jahren erhebliche Forschungsarbeit gewidmet, um die Ursachen zu erkennen und dann Empfangsverfahren mit möglichst kleinem Rauschen finden zu können. Die Fortschritte auf diesem Gebiet waren erheblich. Zum Beispiel hat der Ersatz der Hochvakuumdioden durch Halbleiterdioden das Rauschen vermindert, weil der Halbleiter bei Zimmertemperatur arbeitet, während die Hochvakuumdiode eine geheizte Kathode mit hoher Temperatur hat und die aus ihr austretenden Elektronen wegen der höheren Wärmebewegung entsprechend ausgeprägtere Schwankungserscheinungen zeigen. Daher ist es auch verständlich, daß man in neuerer Zeit für besondere Zwecke Empfangssysteme verwendet, die auf die Temperatur des flüssigen Heliums abgekühlt werden und dann besonders wenig rauschen. Übliche Empfänger, die zum Empfang von Sprache dienen und bei normaler Temperatur arbeiten, benötigen eine theoretische Mindestleistung von etwa 10^{-15} Watt aus der Empfangsantenne, um die Sprache deutlich aus dem Rauschen hervorzuheben. Dies ist schon ungeheuer wenig Leistung, aber in der Radioastronomie (Seite 154) empfängt man noch wesentlich geringere Leistungen mit Erfolg.

VI. Die Ausbreitung von elektromagnetischen Wellen in Erdnähe

Die Ausbreitung von Wellen in Erdnähe, an der wir natürlich besonders interessiert sind, wird erheblich kompliziert durch die Mitwirkung der Erdoberfläche und durch die dauernd wechselnden Eigenschaften der Atmosphäre. Diese Einflüsse mußten eingehend studiert werden, um die drahtlose Übertragung optimal zu gestalten.

Der Erdboden ist vom elektrischen Standpunkt aus ein Gemisch schlechter elektrischer Leiter und schlechter Nichtleiter (Dielektrika). Wenn eine elektromagnetische Welle in der Nähe des Erdbodens vorbeiläuft, so dringen ihre Felder auch in den Erdboden ein. Unter dem Einfluß der elektrischen Feldstärken der Welle fließen dann im Erdboden normale Leitungsströme. Die elektrische Leitfähigkeit des Erdbodens beruht im wesentlichen auf seinem Wassergehalt und den in diesem Wasser gelösten Salzen. Der Erdboden besitzt einen verhältnismäßig großen und je nach Wassergehalt stark schwankenden Widerstand, in dem beim Durchgang der Ströme Wärme erzeugt wird. Daneben enthält er auch noch Dielektrika (Steine, Sand), die unter dem Einfluß der Wellenfelder Verschiebungsströme der Moleküle wie in Abb. 2 zeigen. Auch die im Erdboden befindlichen Nichtleiter sind insofern ungünstig, als ihre Moleküle bei der inneren Ladungsverschiebung meist große Reibungseffekte zeigen. Die Dielektrika erwärmen sich dabei und zwar mit wachsender Frequenz immer mehr, da sich die Ladungen in jeder Schwingungsperiode einmal hin und her schieben. Mit wachsender Frequenz wächst also die Zahl der Verschiebungsvorgänge pro Sekunde entsprechend an und dadurch auch die durch Reibung entstehende Wärme. Als dritte Stromart entstehen im Erdboden Wirbelströme: Es dringt auch das magnetische Feld der Welle in den Erdboden ein. Da das Feld ein Wechselfeld ist, entstehen durch Induktion wie in Abb. 12 Ströme (sog. „Wirbelströme“) um die magnetischen Feldlinien herum. Auch diese Ströme erwärmen den Erdboden. Die Stärke des Induktionseffekts hängt ab von der Geschwindigkeit, mit der sich das magnetische Feld ändert. Mit wachsender Frequenz ändert sich das Feld immer schneller, und die Wirbelströme nehmen daher zu. Die Wärmeenergie, die durch die genannten Ströme insgesamt im Boden verbleibt, wird aus der Energie der Welle entnommen, wodurch die Welle geschwächt wird, und zwar um so mehr, je länger der Weg der Welle längs des Erdbodens ist.

Am größten sind diese Verluste bei Verwendung von Antennen nach Abb. 28, bei denen die Erde am Entstehen der Welle direkt beteiligt ist und die Welle an der Erdoberfläche sogar ihre größte Feldstärke besitzt. Abb. 61 zeigt, wie die Feldlinien der Welle nach einer Theorie von HERTZ etwa aussehen und wie sich die elektrischen Feldlinien etwa im Boden fortsetzen. Eine Welle dieser Art nennt man eine Bodenwelle. Um die Energieverluste im Erdboden etwas zu vermindern, gräbt man in unmittelbarer Nähe der Antenne ein Netz aus Kupferdraht in den Boden ein und gibt dadurch dem Erdboden eine gute Leitfähigkeit. Ohne dieses Netz würde nahezu die gesamte Leistung des Senders zur Erwärmung des Erdbodens in unmittelbarer Nähe des Senders verbraucht. Oft stellt man die Sendeantenne auch in einer Gegend auf, in der der Boden sehr viel Wasser enthält und daher eine günstigere Leitfähigkeit hat. Da jedoch die Wellen über große Entfernungen laufen, werden sie stets auch ungünstigen Erdboden überqueren müssen und viel Energie verlieren. Genaue Angaben über diese Verluste kann man nicht machen, da die Zusammensetzung des Erdbodens und sein Feuchtigkeitsgehalt wechselt. Teilweise werden die Wellen auch große Strecken über einer Wasseroberfläche laufen, wobei Salzgehalt und Temperatur die Leitfähigkeit des Wassers und die Verluste der Welle bestimmen. Die Erdoberfläche ist auch hügelig. Auf ihr stehen Wälder und Städte. Dies gibt Anlaß zu Beugungserscheinungen und Absorption von Leistung in

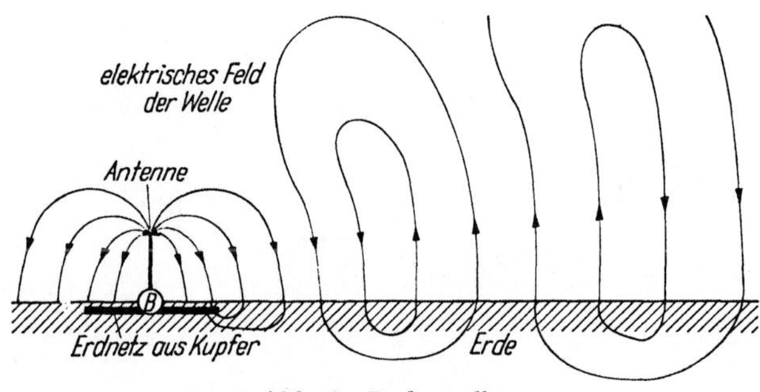

Abb. 61. Bodenwelle

kompliziertester Art. Die Beugung von Wellen an solchen Hindernissen hängt ab vom Verhältnis der Wellenlänge zu den Dimensionen der Hindernisse. Wellen niedriger Frequenz mit sehr großer Wellenlänge laufen nahezu ungestört über die kleineren Hügel und Häuser hinweg, werden aber schon von großen Gebirgen beeinflußt. Je kleiner die Wellenlänge ist, desto mehr zerstreuen die kleineren Hindernisse die Wellen durch Beugung, und hinter größeren Hindernissen bildet sich ein Wellenschatten, also ein Bereich, in den die Welle nicht mehr mit nennenswerter Energie eindringt.

Da alle genannten ungünstigen Effekte mit wachsender Frequenz immer ausgeprägter werden, ergibt sich die Grundregel, daß die vom Erdboden erzeugten Verluste und Störungen der Bodenwelle mit wachsender Frequenz größer werden. Daher kann man große Entfernungen mit Hilfe der Bodenwelle nur bei sehr niedrigen Frequenzen überwinden. Bei Frequenzen von 1 Million Hertz ist die technisch brauchbare Reichweite der Bodenwelle noch etwa 200 km, bei 100 Millionen Hertz nur noch wenige

Kilometer. Bei den höheren Frequenzen löst man das Problem der Erdbodenverluste dadurch, daß man Richtantennen verwendet, diese auf hohe Türme oder auf hohe Berge stellt und ihren Strahlungskegel (Abb. 34) so richtet, daß die Wellen möglichst wenig Berührung mit dem Erdboden haben, wie dies in Abb. 62 schematisch angedeutet ist. Wenn dann Teile der Welle dabei doch noch auf den Erdboden treffen, so kann der Erdboden teilweise auch als Spiegel wirken. Das Material, aus dem die Erde besteht,

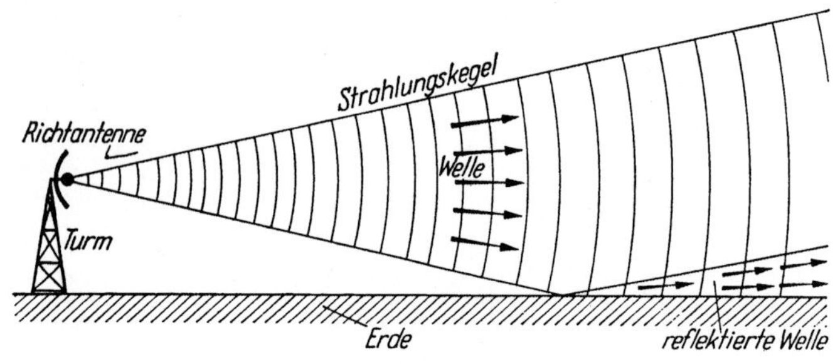

Abb. 62. Bodenfreie Strahlung

ist zwar zur Spiegelung an sich wenig geeignet und wird die auftreffende Wellenenergie nur teilweise reflektieren, teilweise absorbieren. Wenn man aber die Welle unter sehr flachen Winkeln auf die Erde auftreffen läßt, reflektiert sie verhältnismäßig gut, denn die Reflexionseigenschaften jedes Materials werden um so besser, je flacher die Welle einfällt.

In gewissen Fällen interessiert auch die Frage, wie weit eine Welle überhaupt in den Erdboden eindringt. Zum Beispiel für den Fall des Telefonieverkehrs mit einem Eisenbahnzug, der durch einen Tunnel fährt, oder für den Nachrichtenverkehr in Bergwerken, insbesondere bei Unglücksfällen. Hier kann man nur mit niedrigen Frequenzen Erfolg haben, denn mit wachsender Frequenz werden die Wellen beim Durchlaufen des Erdbodens immer mehr geschwächt. Dies liegt einerseits daran, daß nach den vorhergehenden Erläuterungen mit wachsender Frequenz die wärmeerzeugenden Effekte in ihrer Wirkung zunehmen, aber auch daran, daß die durch Induktion entstehenden Wirbelströme durch ihre eigenen magnetischen Felder gegen die eindringenden magnetischen Felder der Welle wirken und diese dadurch am Eindringen in die Erde mit wachsender Frequenz immer mehr hindern. Die „Funkgeologie“ ist eine Wissenschaft mit gewissen Erfolgen, die die Ausbreitung elektromagnetischer Wellen im Erdboden zwischen der Erdoberfläche, Bergwerkstollen und anderen Hohlräumen in der Erde mißt und aus den Messungen Schlüsse auf den geologischen Aufbau der oberen Erdschichten zieht (Erzlager, Salzlager, Wasseransammlungen u. dgl.). Auch hierbei arbeitet man mit niedrigen Frequenzen. Diese Untersuchungen begannen etwa 1930, hatten dann eine lange Pause und sind in den letzten Jahren mit neuen technischen Hilfsmitteln wieder interessant geworden. Ein ähnliches, sehr bedeutsames militärisches Problem ist der Funkverkehr mit Unterseebooten im getauchten Zustand. Dies ist in neuerer Zeit besonders wichtig, da viele moderne Unterseeboote sehr lange Zeit unter Wasser sein können. Auch dann bestehen die oben genannten Erscheinungen, so daß der drahtlose Verkehr mit getauchten Booten nur bei sehr niedriger Frequenz möglich ist. Es ist bekannt, daß die niedrigsten, zur Zeit verwendeten Sendefrequenzen von 15000 Hertz für den Nachrichtenverkehr mit getauchten Booten dienen. Nur für diesen Zweck erscheint der riesige Aufwand, der hinsichtlich Antenne und Senderleistung bei solchen niedrigen Frequenzen erforderlich ist, sinnvoll, nachdem der Nachrichtenverkehr zwischen den Kontinenten durch die Kurzwellen seine optimale Lösung gefunden hat. Diese niedrigen Frequenzen ermöglichen immerhin einen Empfang in Tiefen von 30 bis 300 m (abhängig vom Salzgehalt des Wassers und von der Stärke des Senders) unter der Meeresoberfläche.

Ähnliche Erscheinungen zeigen sich beim Eindringen elektromagnetischer Wellen in den menschlichen Körper, der sehr viel Flüssigkeit enthält, die dem Seewasser sehr ähnlich ist. Wellen niedriger Frequenzen gehen durch den Körper ungehindert hindurch. Mit wachsender Frequenz nimmt die Absorption von Wellenenergie im Körper zu. Steht man in der Nähe der Antenne eines leistungsstarken Kurzwellensenders, so verspürt man eine deutliche Erwärmung des Körpers. Diesen Effekt verwendet die Medizin, um künstliches Fieber im ganzen Körper oder in Teilen des Körpers zu erzeugen (Kurzwellentherapie). Für diese Zwecke wurde die Frequenz 27,12 Millionen Hertz freigegeben, auf der die

Therapiesender der Ärzte arbeiten und die für die drahtlose Übertragung sonst nicht verwendet wird. In neuerer Zeit verwendet man auch die für diesen Zweck erlaubte, höhere Frequenz von 461 Millionen Hertz (Mikrowellentherapie), bei der man mit Hilfe einer Richtantenne die Wellen bereits bündeln und gezielter verwenden kann. Die Mikrowelle dringt aber nicht mehr so weit in den Körper ein wie die Kurzwelle. Das Eindringen von Wellen

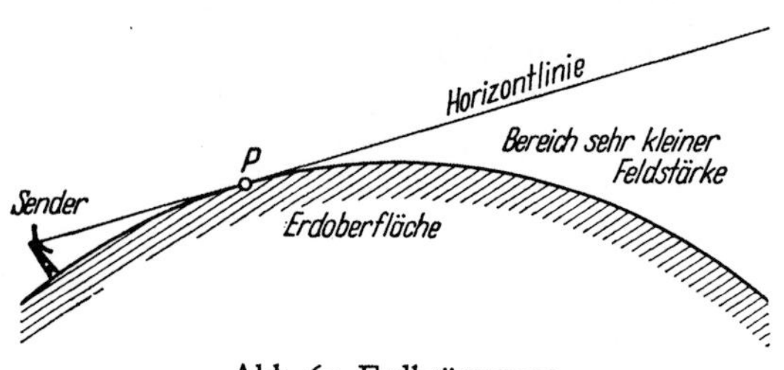

Abb. 63. Erdkrümmung

mit hoher Energiekonzentration kann ernste Verbrennungen hervorrufen.

Eine besondere Schwierigkeit für die Überwindung großer Entfernungen stellt die Krümmung der Erdoberfläche dar. Elektromagnetische Wellen haben eine ausgeprägte Tendenz zur geradlinigen Ausbreitung. Das beste Beispiel dafür sind die Lichtwellen, von denen wir annehmen, daß sie sich im Weltraum bei Wanderungen von Jahrmillionen Dauer geradlinig ausbreiten und die wir sogar zur Definition der Geradlinigkeit überhaupt verwenden. Auch die Wellen niedrigerer Frequenz, die wir in der Funktechnik verwenden, breiten sich im wesentlichen geradlinig aus. Zieht man in Abb. 63 von der Sendeantenne aus die Horizontale, also die Tangente an die Erdoberfläche, so ist die Welle, die vom Sender ausgeht, im Raum oberhalb dieser Horizontlinie in normaler Stärke vorhanden. Unterhalb der Horizontlinie mißt man dagegen verhältnismäßig schwächere Felder. Je höher die Frequenz, desto geringer wird die Feldstärke im Bereich unterhalb der Horizontlinie. Eine theoretische Behandlung dieses Vorgangs ist offenbar sehr schwierig. Man behandelt diese Aufgabe meist als ein Beugungsproblem, wodurch man zumindest zeigen kann, daß die Beugung der Wellen um die Erde herum (wie bei allen

Hindernissen) mit wachsender Frequenz immer geringer wird. Die auf der Erdoberfläche jenseits des Tangentenberührungspunktes P gemessenen Feldstärken sind aber oft sehr verschieden von den Werten, die sich aus diesen Theorien ergeben. Dies liegt daran, daß am Entstehen dieser Felder viele Effekte, insbesondere mehrere der im folgenden noch zu erläuternden Erscheinungen in der Atmosphäre beteiligt sind.

Die wesentliche Erscheinung, die in der Atmosphäre die Ausbreitung elektromagnetischer Wellen beeinflußt, ist die Ionosphäre. Der Engländer STEWART hat schon 1878, also lange vor Beginn der Funktechnik aus erdmagnetischen Erscheinungen auf die Existenz elektrisch geladener Schichten in der hohen Atmosphäre geschlossen. Die Erfahrungen der Funktechnik wiesen wieder auf solche Schichten hin. Man hatte sich nämlich schon frühzeitig um eine Theorie der Wellenausbreitung bemüht, um die Planung drahtloser Verbindungen zu erleichtern. Nachdem man zahlreiche Messungen über die in großen Entfernungen vom Sender auftretenden Feldstärken gemacht hatte, stellte man fest, daß die Feldstärken erheblich größer waren, als es die Theorie voraussagte. KENELLY und HEAVISIDE haben 1902 daher erneut die Hypothese solcher geladener Schichten zur Erklärung dieser günstigen Wellenausbreitung herangezogen. Da man jedoch keine Meßmöglichkeiten hatte, blieb ihre Theorie zunächst unbeachtet, bis 1923 völlig ungewöhnliche Erfahrungen mit der Ausbreitung von Kurzwellen (Wellenlängen zwischen 10 und 100 m) über sehr große Entfernungen gemacht wurden. Diese Wellenlängen waren nach der damals herrschenden Theorie der Bodenwelle für die Nachrichtenübertragung wegen zu geringer Reichweite ungeeignet. Neben der berufsmäßigen Funktechnik gab es aber schon damals zahlreiche Sender im Besitz privater Bastler, die mit großer Leidenschaft drahtlose Verbindungen untereinander herstellten. Als den Funkamateuren um 1920 die Verwendung der niedrigeren Frequenzen zur Vermeidung von Störungen des kommerziellen Verkehrs verboten werden mußte, gingen die Funkamateure auf den damals ungenützten Bereich der Kurzwellen über. Zwar machte auch MARCONI schon 1923 Versuche mit Kurzwellen über größere Entfernungen und erreichte zuverlässigen Empfang bis zu 1500 km. Den großen Erfolg hatte jedoch ein französischer Amateur, der im November 1923 eine drahtlose Verbindung mit einem Partner in USA erzielte. Mitte 1924 überbrückte man bereits die größte, auf der Erde mögliche Entfernung von London nach Neuseeland mit einem verhältnismäßig kleinen Sender. Hierdurch wurde die Existenz eines besonderen elektrischen Zustandes in der höheren Atmosphäre erstmalig deutlich, wobei bereits erkennbar war, daß die Reichweite der Wellen erheblich vom Stand der Sonne abhängig ist, daß also die Wirksamkeit der Atmosphäre durch die Sonnenstrahlung bedingt ist.

Die Sonne sendet neben dem sichtbaren Licht auch energiereiche Strahlung in den Weltenraum, die teils Röntgenstrahlung, teils ultraviolettes Licht ist, teils aus geladenen Teilchen hoher Geschwindigkeit (Protonen, Elektronen) besteht. Neben der Sonnenstrahlung gibt es noch eine aus den Tiefen des Weltalls stammende kosmische Strahlung. All diese Strahlung fällt von außen in die Atmosphäre ein und macht die äußere Atmosphäre zu einem riesigen photochemischen Laboratorium. Auf der Erde merkt man nicht mehr viel davon, da diese Strahlung in der Atmosphäre fast ganz absorbiert wird. Dadurch daß die Luftmoleküle bei dieser Absorption Strahlungsenergie aufnehmen, treten Umsetzungen in ihnen auf, Bildung von Ozon, die Aufspaltung des Sauerstoffmoleküls in Atome, das Abspalten von Elektronen aus den Atomen und die ebenfalls mögliche Anlagerung dieser frei gewordenen Elektronen an Atome. Positive und negative Ionen und freie Elektronen sind also in der hohen Atmosphäre vorhanden. Diese Vorgänge spielen sich vorzugsweise in Höhen zwischen 70 und 300 km ab. Diese Höhenschicht nennt man daher die Ionosphäre. In noch größeren Höhen findet keine nennenswerte Ionisation mehr statt, weil zu wenig Atome vorhanden sind. In den Höhen unter 70 km ist die Intensität der energiereichen Strahlung durch Absorption schon soweit geschwächt, daß nur noch in Ausnahmefällen ionisierende Vorgänge bemerkbar werden. Eine elektrische Leitfähigkeit bei Anwesenheit von Ladungsträgern entsteht nur, wenn sich die Ladungsträger weitgehend frei bewegen können. Diese Möglichkeit ist in der Ionosphäre in besonderem Maße gegeben. Der Druck ist dort bereits unvorstellbar gering, etwa 1 Milliardstel des Druckes in Bodennähe. 1 Kubikzentimeter Luft enthält dort nur noch einige Milliarden Teilchen. Durch diese Verdünnung wird die freie Beweglichkeit der geladenen Partikel sehr groß. Wenn sich geladene Teilchen in der dichteren Luft in Bodennähe bewegen würden, könnten sie nur Strecken von 1 Millionstel Zentimeter zurücklegen, bis sie mit einem anderen Teilchen zusammenstoßen. In der dünneren Ionosphäre können sie aber bereits einige hundert Meter frei fliegen, bevor sie mit einem zweiten Teilchen kollidieren. Dies ist auch wichtig für die Lebensdauer der geladenen Teilchen; denn bei Zusammenstößen ist es möglich, daß ein positiv geladenes Teilchen mit einem negativ geladenen Teilchen zusammenstößt und sich daraus ein ungeladenes Teilchen bildet. Die stark verdünnte Atmosphäre in großen Höhen läßt also langlebige und frei bewegliche, geladene Teilchen entstehen, die für das Zusammenwirken mit den Feldern elektromagnetischer Wellen sehr geeignet sind. Diese Ladungen konzentrieren sich meist in Schichten, von denen eine in etwa 70 km Höhe (genannt: D-Schicht), eine zweite in etwa 100 km Höhe (genannt: E-Schicht), eine dritte in etwa 200 km Höhe (genannt: F-Schicht) schwebt. Daß es verschiedene Schichten gibt, beruht im wesentlichen darauf, daß die Luft aus Sauerstoff und Stickstoff gemischt ist, und daß diese beiden Substanzen sehr verschieden auf die Lichteinwirkung reagieren. Endgültige Erkenntnisse hierüber besitzen wir noch nicht.

Wenn eine elektromagnetische Welle in die Ionosphäre eintritt, so bewegen sich die Ladungsträger unter dem Einfluß der elektrischen Feldstärke in Richtung der jeweils vorhandenen elektrischen Feldlinie. Die Welle überträgt einen Teil ihrer Energie den sich bewegenden Ladungen als kinetische Schwingungsenergie. Hierbei entstehen zwei verschiedene Effekte: ein dielektrischer Effekt und ein absorbierender Effekt. Da das elektrische Feld der Welle ein elektrisches Wechselfeld ist, schwingen die Ladungsträger hin und her ähnlich wie in Abb. 2. Dadurch bekommt der von Ladungsträgern erfüllte Raum Eigenschaften wie ein Dielektrikum, insbesondere einen anderen Berechnungsindex als die Luft, so daß elektromagnetische Wellen beim Durchlaufen solcher Schichten gebrochen, unter Umständen sogar an ihnen reflektiert werden, wenn hinreichend viele Ladungsträger vorhanden sind. Dies kann bei starker Ladungskonzentration sogar zur Totalreflexion wie an einer leitenden Wand führen. Es ist aber auch möglich, daß diese schwingenden Ladungen dabei im Raum mit anderen Ladungen kollidieren. Dann geht ein Teil der Schwinggungsenergie der Ladungen durch den Stoß in ungeordnete Bewegungsenergie über, die den Charakter einer Wärmebewegung hat. Wenn eine Welle mit einer solchen Ladungszone in Berührung kommt, verliert sie also stets etwas Energie, die sie als kinetische Energie den bewegten Ladungen verliehen hat und die in der Schicht als Wärme verbleibt. Man sagt, die Welle wird gedämpft. Je geringer die Höhe ist, in der die Schicht liegt, desto größer ist die Teilchenkonzentration in der Schicht, desto häufiger sind die Zusammenstöße. Eine Schicht in geringer Höhe wie die D-Schicht kann also ihre Eigenschaften als reflektierendes Dielektrikum mit schwingenden Ladungen weit weniger entwickeln als die höheren Schichten und zeigt zur Hauptsache dämpfende Einflüsse auf die Welle.

Die Frequenz, mit der die geladenen Teilchen hin und herschwingen, ist gleich der Frequenz der elektromagnetischen Welle, die diese Schwingungen erzeugt. Je höher die Frequenz der Welle ist, desto häufiger müssen die Ladungen hin und her-schwingen, desto geringer wird jedoch ihre maximale Geschwindigkeit und ihre Schwingungsamplitude. Dies ist ein bekanntes Gesetz der Mechanik, das für alle sogenannten „erzwungenen" Schwingungen gilt. Die Ladungen reagieren also mit wachsender Frequenz immer weniger auf die Welle, und die Schicht wird dadurch der normalen Luft ähnlicher, reflektiert also schlechter oder gar nicht. Die Größe eines elektrischen Stromes ist stets das Produkt der bewegten Ladungsmenge und der Geschwindigkeit dieser Ladungen. Je mehr bewegte Ladungen in der Schicht vorhanden sind, desto ausgeprägter ist die Wirkung des Dielektrikums. Man benötigt also bei höherer Frequenz größere Ladungskonzentrationen um eine Reflexion zu erzeugen, weil die Geschwindigkeit der Teilchen kleiner geworden ist. Bei niedrigen Frequenzen genügen bereits geringe Ladungsmengen, um Wellen zu reflektieren, und die Reflexion von Wellen niedriger Frequenz ist daher leicht zu erreichen und sehr konstant. Bei höheren Frequenzen reflektieren nur Schichten mit großer Ladungskonzentration, die jedoch nicht immer vorhanden sind. Mit wachsender Frequenz nimmt auch die Absorption von Wellenenergie in den geladenen Schichten ab, weil die Ladungen wegen ihrer Trägheit auf die Feldstärken der Welle insgesamt immer weniger reagieren.

Die Ionisierung der Luft hängt ab von der Intensität des einfallenden Sonnenlichts, ist also bei Tag im allgemeinen stärker als bei Nacht. Sie ist dementsprechend auch im Sommer und Winter verschieden stark. Die Strahlung der Sonne im Ultraviolett und ihre Korpuskelstrahlung hängen von der Sonnenfleckentätigkeit ab, so daß die Ionisation in Jahren mit großer Sonnenfleckenzahl besonders groß ist. Man findet hier die elfjährige Sonnenfleckenperiode in den Schwankungen der mittleren Ionisierung wieder. Die Reflexion und Absorption der Kurzwellen an der Ionosphäre wechselt also laufend. Gelegentlich gibt es sehr starke Ionisierung gleichzeitig mit erdmagnetischen Störungen und Polarlichterscheinungen, die auf große Eruptionen der Sonne zurückzuführen sind. Dann ist sogar die D-Schicht sehr kräftig ionisiert und zeigt wegen der vielen Zusammenstöße ihrer Ionen starke Dämpfungswirkungen für alle diejenigen Wellen, die sie nicht reflektiert. In solchen Zeiten setzt der gesamte Funkverkehr über große Entfernungen aus, mit Ausnahme der sehr niedrigen Frequenzen, die die D-Schicht reflektiert.

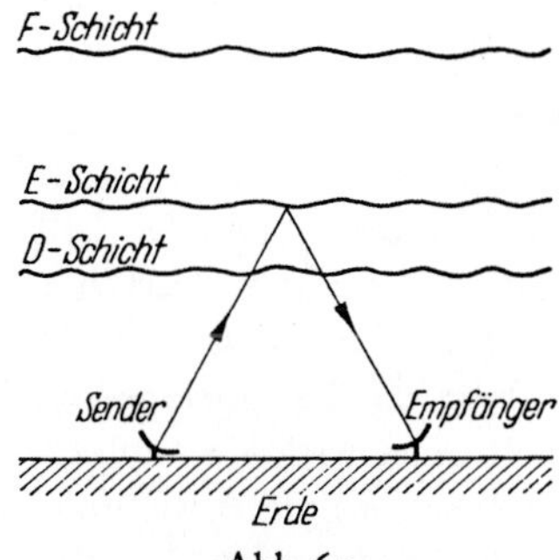

Abb. 64.
Reflexion an der Ionosphäre

Den ersten experimentellen Nachweis einer reflektierenden Ionosphärenschicht erbrachten APPLETON und BARNET 1925 in einem Versuch nach Abb. 64, indem sie zeigten, daß am Empfangsort ein Teil der Wellen schräg von oben einfiel. Aus dem gemessenen Einfallswinkel und der bekannten Entfernung zwischen Sender und Empfänger fanden sie eine Höhe von etwa 100 km für die reflektierende Schicht. Sie fanden also die E-Schicht, da die D-Schicht normalerweise nur geringe Ionisation besitzt und bei den im Versuch benutzten höheren Frequenzen nicht mehr reflektiert. Durch Verwendung noch höherer Meßfrequenzen, bei denen die E-Schicht nicht mehr reflektiert, wurde 1927 die Existenz der F-Schicht in großer Höhe und mit wesentlich höherer

Ladungskonzentration entdeckt. Für genauere Messungen der Höhe der leitenden Schichten wurde eine Echomethode entwickelt: Der Sender sendet nur für sehr kurze Zeit. Die Antenne strahlt das Kurzsignal aus, das den Charakter eines Lichtblitzes hat. Man mißt die Zeitdifferenz zwischen dem Aussenden des Signals und der Ankunft des an der Ionosphäre reflektierten Signals am Empfangsort. Da man die Fortpflanzungsgeschwindigkeit des Lichts kennt, kann man aus der gemessenen Zeitdifferenz die Länge des von der Welle in Abb. 64 zurückgelegten Weges bestimmen. Wenn man dann noch die Frequenz des Senders verändert, kann man messen, bei welcher Frequenz die Ionosphärenschicht durchlässig wird, und daraus nach einer bekannten Theorie die Konzentration der Ladungsträger berechnen. In unzähligen Messungen dieser Art hat man das Verhalten der Ionosphäre seitdem eingehend studiert.

Nur die Grundfrage, welche photochemischen Umsetzungen dort oben wirklich geschehen, konnte man zunächst nicht beantworten, und die Ansichten der Forscher hierüber waren sehr verschieden. Erst das Zeitalter der Raketen gestattete es, mit Meßinstrumenten in diese Höhe vorzudringen. Man begann in USA bereits 1946, mit in Deutschland eroberten, umgebauten V2-Raketen Meßgeräte in diese Höhen zu schießen und die Eigenschaften der hohen Atmosphäre direkt zu messen. Man konnte die chemische Zusammensetzung der höheren Schichten klären, die Konzentration der Ladungsträger messen und bestätigen, was man bisher nur vermutet hatte. In neuester Zeit gewinnt man durch die großen Flüge der Satelliten und Weltraumraketen auch Aufklärung über die Vorgänge im Bereich außerhalb der Atmosphäre. Man konnte die Art und Stärke der Sonnenstrahlung im Weltraum messen und dadurch die Ursachen der Ionisierung genauer kennenlernen. Man konnte nun auch von außen her elektromagnetische Wellen durch die Ionosphäre zur Erde schicken und gewann so eine neue Beobachtungsmöglichkeit. In der Ionosphärenforschung arbeitet die Funktechnik eng zusammen mit der Geophysik. Die Funktechnik liefert der Geophysik Beobachtungsergebnisse; die Geophysik erklärt die Erscheinungen und gibt der Funktechnik Anhaltspunkte für eine zweckmäßige Verwendung der verschiedenen Frequenzen. Da diese Erscheinungen über die ganze Erde verteilt sind und nur verstanden werden können, wenn man die Erde als Ganzes betrachtet, besteht hier Zusammenarbeit auf internationaler Basis. Die Krönung dieser Zusammenarbeit war das „internationale geophysikalische Jahr" 1957/58, in dem mit erheblichem Aufwand in allen Erdteilen bei guter Koordinierung der Arbeitsgruppen vieler Nationen eine Fülle geophysikalischer Erscheinungen, einschließlich der Wellenausbreitung gemessen wurden. Man hofft, im Laufe von 10 Jahren alle dabei gewonnen Ergebnisse ausgewertet zu haben.

Im folgenden soll nun beschrieben werden, wie sich die Wellen der verschiedensten Frequenzen unter dem Einfluß des Erdbodens und der Ionosphäre verhalten. Die Wellen der niedrigsten Frequenzen, die man auf der Erde vorfindet, sind nicht vom Menschen, sondern von der Natur erzeugt. Frequenzen um 10 Hertz herum, deren Wellenlänge etwa gleich dem Erdumfang ist, sind in neuerer Zeit experimentell nachgewiesen worden. Diese Wellen sind sehr wenig gedämpft und werden als eine Resonanzerscheinung des gesamten Raumes zwischen Erde und Ionosphäre betrachtet. Der Ursprung der Wellen ist noch unsicher, hat aber einen gewissen Zusammenhang mit meteorologischen Erscheinungen. Diese Frequenzen sind sehr ähnlich den Frequenzen der Ströme, mit denen unser Nervensystem auf den Nervenbahnen arbeitet: Man hat Anhaltspunkte dafür, daß diese Wellen auf das Nervensystem mancher Menschen wirken (Wetterfühligkeit, Föhnkrankheit im Gebirge). Ferner findet man elektromagnetische Wellen auf den Frequenzen, auf denen unsere Wechselstrom-Energieversorgung arbeitet. Die riesigen Hochspannungsleitungen unserer Elektrizitätswerke sind geeignete Antennen, um Wellen solcher Frequenzen (in Europa $16^2/_3$ und 50 Hertz) abzustrahlen und über die ganze Welt zu verbreiten (sehr geringe Bodendämpfung und gut leitende Ionosphäre). Die niedrigsten Frequenzen vom Menschen gewollt erzeugter Wellen liegen bei heutigen Experimenten bei 1000 Hertz. Dies ist eine Frequenz, bei der man auch noch innerhalb der Erdkruste eine brauchbare Wellenausbreitung vorfindet und die schon versuchsweise zum Nachrichtenverkehr zwischen zwei Bergwerken benutzt wurde. Die Ausbreitung von Wellen extrem niedriger Frequenz ist außerordentlich gut, da dann alle dämpfenden Ursachen nur noch schwach wirken.

Sie breiten sich zwischen Erdboden und Ionosphäre als geführte Wellen aus, (wie dies in Abschn. IX noch beschrieben wird), solange ihre Wellenlänge größer als der Abstand zwischen Ionosphäre und Erde ist.

Die etwas höheren Frequenzen, mit ersten Experimenten beginnend bei 2000 Hertz und im praktischen Betrieb verwendet oberhalb von 10000 Hertz, breiten sich wie in Abb. 65 so aus, daß die Ionosphäre als Spiegel wirkt. Die Ausbreitung der Wellen

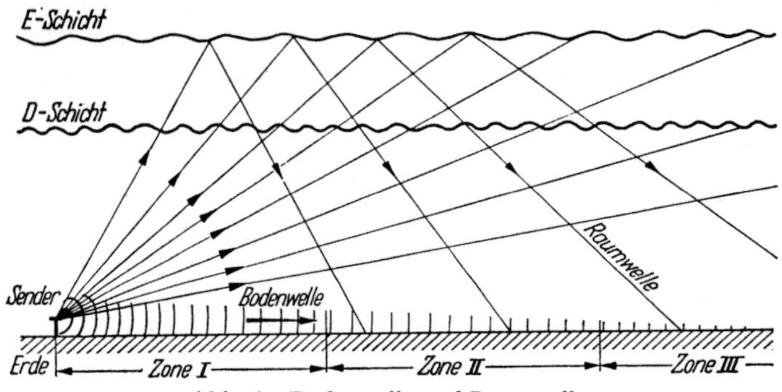

Abb. 65. Bodenwelle und Raumwelle

unter dem Einfluß der Ionosphärenreflexionen hängt in ihrer Erscheinungsform wesentlich davon ab, ob die Antenne ein Richtstrahler ist oder nicht. Bei niedrigeren Frequenzen, bei denen keine wesentliche vertikale Bündelung der Wellen durch die Antenne möglich ist, entstehen Verhältnisse, wie sie Abb. 65 schematisch zeigt. Es läuft in der Nähe des Erdbodens eine Bodenwelle, während die schräg nach oben in breitem Winkel ausgestrahlte Energie an der Ionosphäre reflektiert wird und als „Raumwelle" von oben auf ein breites Gebiet einstreut. Empfängt man auf dem Erdboden, so findet man eine Zone I, in der die Bodenwelle stark ist und praktisch allein empfangen wird. Dahinter liegt eine Zone II, in der die Bodenwelle und die Raumwelle etwa gleich stark sind. Es gibt eine Zone III, in der keine Bodenwelle mehr meßbar ist und nur noch die Raumwelle empfangen wird. Die Reflexionen erfolgen bei niedrigen Frequenzen an der E-Schicht. Die D-Schicht entsteht nur bei Tage durch die Einstrahlung der Sonne. Ihre Ladungskonzentration reicht nur selten für eine

Reflexion aus, wohl aber erzeugt sie eine erhebliche Schwächung der durch sie hindurchlaufenden Raumwelle, wie dies bereits beschrieben und begründet wurde. Daher sind die in Abb. 65 dargestellten Vorgänge mit der Raumwelle am Tage kaum meßbar, weil die D-Schicht die Raumwelle fast vernichtet. Dagegen hat man bei Nacht, nachdem die D-Schicht verschwunden ist, eine ungestörte Raumwelle, insbesondere einen guten Fernempfang in der Zone III. Es ist eine charakteristische Eigenschaft aller mit der Ionosphäre verbundenen Wellenübertragung, daß die Amplitude der am Empfangsort ankommenden Welle im Verlauf der Zeit stark schwankt. Diese Veränderung der Amplituden nennt man „Schwund". Es gibt „Absorptionsschwund", der dadurch entsteht, daß die Atmosphäre mehr oder weniger Energie der Welle absorbiert, z. B. in der D-Schicht. Es gibt „Interferenzschwund", wenn die Welle auf mehreren Wegen zum Empfangsort kommt und diese Wege verschieden lang sind (Zone II in Abb. 65). Dann überlagern sich in der Empfangsantenne mehrere, zeitlich gegeneinander verschobene Schwingungen wie in Abb. 35. Wenn sich die Längenunterschiede der Wege im Laufe der Zeit durch Veränderungen in der Ionosphäre ändern, wird die Summenamplitude der Schwingungen in der Empfangsantenne schwanken, weil sich die gegenseitige zeitliche Verschiebung der Schwingungen ändert. Rundfunksender auf Mittelwellen, die im wesentlichen die Versorgung eines Nahbereiches als Aufgabe haben, benutzen daher oft Richtantennen mit etwas vertikaler Bündelung, um die schräg nach oben gerichtete Strahlung der Sendeantenne zu schwächen und die Störung durch die Raumwelle in der Zone II zu verringern.

Wenn man höhere Frequenzen, die keine nutzbare Bodenwelle mehr haben, zur Übertragung über größere Entfernungen verwenden will, wird man die in Abb. 66 beschriebenen Methoden verwenden und mit einer Richtantenne schräg nach oben so strahlen, daß der reflektierte Teil der Welle in das Empfangsgebiet trifft. Je weiter das Empfangsgebiet vom Sender entfernt ist, desto flacher muß die Welle vom Sender fortlaufen. Abb. 66 zeigt, daß man dadurch jedoch nur eine gewisse Entfernung überbrücken kann, weil die Erdkrümmung und der gegebene Abstand der Ionosphäre einen bestimmten Auftreffpunkt P_1 der reflektierten

Welle nicht zu überschreiten gestattet, der bei der E-Schicht etwa 2000 km und bei der F-Schicht etwa 3500 km entfernt ist. Die Überbrückung noch größerer Entfernungen erfolgt durch Mehrfachreflexion nach Abb. 67. Es wurde bereits früher erwähnt, daß

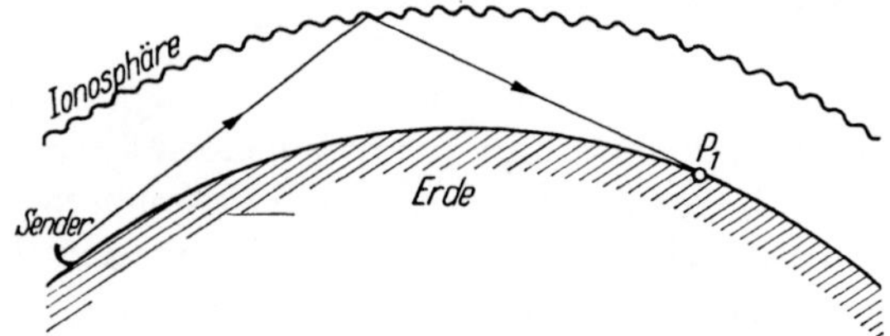

Abb. 66. Maximale Reichweite einer Ionosphärenreflexion

auch schlechte Dielektrika (wie der Erdboden) spiegelnde Eigenschaften erhalten, wenn die Welle unter einem hinreichend flachen Winkel β auftrifft. Bei flachen Winkeln reflektiert die Erde etwa 60% der auftreffenden Welle wie ein Spiegel. Auf den Wasserflächen des Ozeans kann man sogar mit 80% Reflexion rechnen. Mit der in Abb. 67 gezeichneten Zick-Zack-Reflexion der Wellen

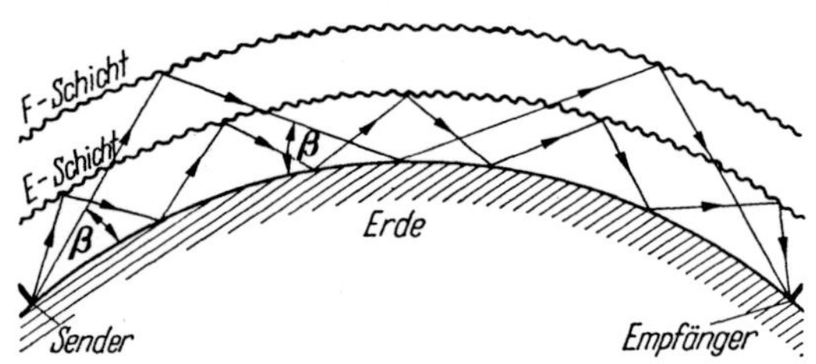

Abb. 67. Mehrfach-Reflexion

kann man daher alle Punkte der Erde erreichen, und bei geeigneter Ionosphärenschichtung sogar mit erstaunlich kleinen Sendeleistungen. Es ist bekannt, daß man in einigen Fällen die größten Entfernungen auf der Erde bereits mit Sendeleistungen von wenigen Watt überbrückt hat. Daß eine solche auf Zick-Zack-Wegen laufende Welle auch mehrfach um die Erde laufen kann und dann noch meßbare Feldstärken hat, wurde nachgewiesen. Zeitweise ist also die Dämpfung auf diesen Wegen sehr gering und die Reflexion sehr gut.

Für die Überbrückung größerer Entfernungen auf drahtlosem Wege ist also die Mitwirkung der Ionosphäre wichtig. Die Ionosphäre ist jedoch ein etwas undefiniertes und zeitlich veränderliches Gebilde. Andererseits muß man von einer Funkverbindung fordern, daß sie zumindest für eine gewisse Zeitdauer störungsfrei brauchbar ist und daß diese Funktionsfähigkeit nicht mit übertriebenem technischen Aufwand (z. B. extrem großer Senderleistung) zustande kommen darf. Es ist daher verständlich, daß man das Verhalten der Ionosphäre gründlich erforschen mußte. Ebenso wie das Wetter, müssen auch die zeitlich veränderlichen Vorgänge in der Ionosphäre von vielen Stellen in der Welt laufend beobachtet und die Beobachtungsergebnisse ausgetauscht werden, wenn man die Ionosphäre in der Funktechnik erfolgreich verwenden will. Es gibt daher auch für die Ionosphäre „Wetterkarten“ und „Wettervorhersagen“, langfristige und kurzfristige. Die Sendestationen werden beraten hinsichtlich der Wahl einer jeweils geeigneten Sendefrequenz, was für den Erfolg einer Funkverbindung bei Kurzwellen ausschlaggebend ist. Es gibt unter anderem in jedem Zeitpunkt eine untere Frequenzgrenze für eine solche Funkverbindung. Diese untere Grenze ist durch die Absorption in den von der Welle zu durchlaufenden, nichtreflektierenden Schichten (z. B. D-Schicht in Abb. 64) gegeben, weil die Absorption mit abnehmender Frequenz größer wird. Die obere Frequenzgrenze einer Funkverbindung ist in jedem Moment durch die Ladungskonzentration in den reflektierenden Schichten gegeben, weil eine Schicht bei der jeweils vorliegenden Ladungskonzentration oberhalb einer bestimmten Frequenz nicht mehr reflektiert.

Man muß auch die Höhe der Schichten über dem Erdboden und den genauen Zick-Zack-Weg kennen. Für lange Strecken wie von Europa nach Amerika gibt es viele verschiedene Zick-Zack-Wege je nachdem, ob man höhere Frequenzen über die F-Schicht reflektieren läßt oder niedrigere Frequenzen über die E-Schicht (Abb. 67). Die Anzahl der Sprünge, die eine Welle zwischen Ionosphäre und Erdboden durchläuft, hängt ab vom Winkel β, unter dem man die Welle aussendet. Je größer β ist, desto mehr Sprünge macht die Welle. Man hat gemessen, daß eine Welle zwischen Europa und USA zeitweise nur zwei Sprünge macht, meist jedoch mehr Sprünge, zeitweise sogar sechs Sprünge. Es gibt auch Wege, die teils die E-Schicht, teils die F-Schicht zur Reflexion benutzen. Die Übertragungseigenschaften dieser Wege können sehr verschieden sein und werden sich auch zeitlich ändern. Wenn die Richtantenne des Senders nicht scharf bündelt, also in Abb. 67 der Winkel β nicht genau festgelegt ist, können mehrere verschiedene Wege gleichzeitig in Tätigkeit sein und sich am Empfangsort durch Interferenzschwund gegenseitig stören. Man erkennt also, daß die Fernübertragung auf Kurzwellen, die an sich sehr günstig ist und verhältnismäßig kleinen Aufwand erfordert, nur bei laufender Beratung seitens der Ionosphärenbeobachtungsstellen ein zuverlässiges Instrument ist.

Für Frequenzen oberhalb von 30 Millionen Hertz ist die Ionosphäre weitgehend uninteressant, weil sie die für diese hohen Frequenzen erforderliche Ladungskonzentration nicht mehr erreicht und Wellen nicht mehr reflektiert. Nur selten empfängt man noch etwas höhere Frequenzen in Entfernungen zwischen 1500 und 3000 km, wenn extreme Verhältnisse in der ladungsreichen F-Schicht auftreten. Jedoch sind solche Ereignisse mehr ein sportliches Erlebnis für einen Amateur. Eine gewisse Bedeutung hat die Ionosphäre in neuerer Zeit für Wellen, die von einem Satelliten zur Erde oder umgekehrt gesendet werden. Hierzu verwendet man höhere Frequenzen, die von der Ionosphäre durchgelassen werden. Man kann an diesen Wellen aber noch gewisse Absorptions- und Brechungseffekte der Ionosphäre feststellen. Da für Frequenzen über 30 Millionen Hertz wegen der hohen Erdbodendämpfung auch die Bodenwelle sehr schwach ist, verwendet man diese Frequenzen im Nahverkehr über wenige Kilometer (Polizeifunk, Taxi usw.). Größere Reichweiten dieser Frequenzen erhält man durch einen erdbodenfreien Verkehr wie in Abb. 62.

Hinsichtlich der Ausbreitung von Wellen höherer Frequenz sind also nur die Vorgänge in der unteren Atmosphäre, der Troposphäre, maßgebend. Diese müssen daher im folgenden auch noch betrachtet werden. Die Luft ist für die elektromagnetischen Wellen ein Dielektrikum, in dem die Moleküle wie in Abb. 2 polarisiert werden. Da die Luft eine sehr geringe Dichte hat, also relativ wenige polarisierbare Moleküle besitzt, ist ihre Wirkung auf die Wellen meist gering. Die Wirkung ist etwas abhängig vom

Druck und der Temperatur, weil mit wachsendem Druck und abnehmender Temperatur die Dichte, also die Menge der polarisierbaren Moleküle wächst. Nennenswerten Einfluß auf das dielektrische Verhalten der Luft hat jedoch der Wassergehalt der Luft, wobei es darauf ankommt, ob das Wasser als Dampf, Nebel, Regen oder Schnee in der Luft auftritt. Die Moleküle des Wassers sind besonders stark polarisierbar und haben daher auch schon in kleinerer Menge einen dielektrischen Einfluß auf die Wellen. Man

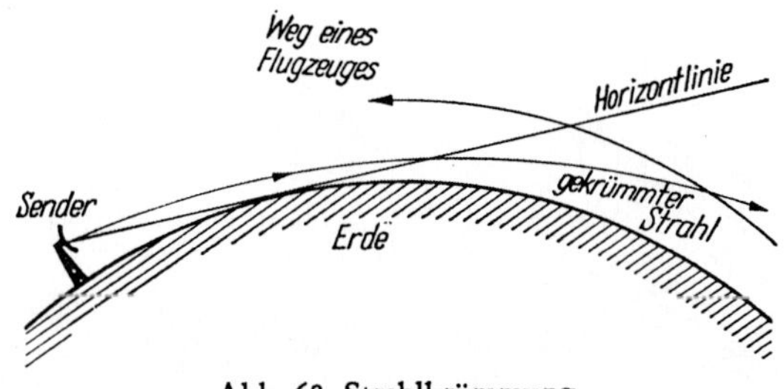

Abb. 68. Strahlkrümmung

kennt verschiedene dielektrische Wirkungen der Luft: Strahlkrümmung, Brechung, Reflexion und Zerstreuung der Wellenenergie. Diese Erscheinungen beruhen darauf, daß die Luft nicht homogen ist, daß sich Druck, Temperatur und Wassergehalt von Ort zu Ort, und manchmal sogar erheblich, ändern.

Eine Erscheinung, die regelmäßig beobachtet werden kann, entsteht dadurch, daß mit wachsender Entfernung vom Erdboden der Luftdruck und dadurch auch die Luftdichte abnimmt. Dadurch nimmt der Brechungsindex mit wachsender Höhe ab, was in niedrigen Höhen über dem Erdboden besonders wirksam ist. Durch den Wasserdampf in den untersten Zonen der Atmosphäre kann dieser Effekt verstärkt werden, weil der Wasserdampf den Brechungsindex erhöht. Dies alles führt zu der in Abb. 68 dargestellten Strahlkrümmung, insbesondere für Strahlen in der Nähe des Horizonts. Dieser Vorgang findet in gleicher Weise für Lichtstrahlen statt und ist in der Astronomie wohlbekannt. Alle Sterne erscheinen dadurch höher über dem Horizont, als sie in Wirklichkeit stehen. Insbesondere weiß man, daß die Sonne und der Mond beim Aufgang und Untergang bereits unter der Horizontlinie liegen, wenn man ihre Scheibe noch voll über dem Horizont sieht.

Auch die elliptische Form der Sonnen- oder Mondscheibe in der unmittelbaren Nähe des Horizonts ist auf diesen Effekt zurückzuführen. In der Funktechnik wurde dieses Phänomen erstmalig beobachtet, als man mit Flugzeugen (Flugweg in Abb. 68) einen guten Empfang sehr kurzer Wellen bereits unter der Horizontlinie des Senders feststellte.

Weitere Effekte entstehen in der unteren Atmosphäre durch örtliche Schwankungen von Temperatur und Wassergehalt. Wenn

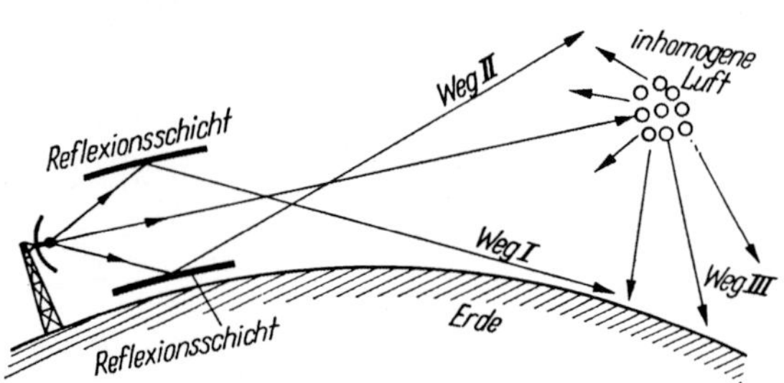

Abb. 69. Atmosphärische Reflexion und Streuung

sich diese Schwankungen stetig über große Gebiete erstrecken, kann allgemeine Strahlkrümmung erfolgen, d. h. Krümmung der Wege, längs der die Wellen laufen. Im Extremfall können sich bei bestimmten Wetterlagen kalte Luftschichten über warme Luftschichten schieben, und dann kann an der Grenze zwischen beiden Schichten ein ausgeprägter Sprung des Brechungsindex eintreten. Solche Grenzen reflektieren elektromagnetische Wellen insbesondere dann, wenn der Einfall der Wellen auf die Grenzfläche sehr flach ist. Dies ist in Abb. 69 schematisch gezeichnet. Es können dabei je nach Lage der Schicht und des Senders die Wellen nach unten reflektiert werden (Weg I in Abb. 69). Dann empfängt man die Wellen auch unterhalb der Horizontlinie sehr gut, empfängt also in diesem Zustand der „Überreichweite“ sehr kurze Wellen dort, wo sie normalerweise nicht hingelangen. Es können die Wellen aber auch von oben auf die Schicht fallen (Weg II in Abb. 69) und nach oben reflektiert werden. Eine solche Reflexion verhindert den Empfang der Welle an Orten, an denen sie normalerweise empfangen werden könnte. Im letzten Jahrzehnt hat man noch den Vorgang der Streustrahlung entdeckt und ihm große

Untersuchungen gewidmet. Diese erklärt man heute in folgender Weise: Die Luft ist nicht völlig homogen, sondern enthält nebeneinander in regelloser Verteilung z. B. mehr oder weniger große Bereiche trockenerer und feuchterer Luft. Fällt eine Welle auf diese Inhomogenitäten (Weg III in Abb. 69), so werden kleine Teile der Welle nach allen Seiten zerstreut und erreichen so von oben her auch den Bezirk unterhalb der Horizontlinie, der sonst weitgehend frei von der direkten Einstrahlung der Senderwelle ist und in dem man daher die Streustrahlung messen kann. Die Streustrahlung ist zwar sehr schwach, aber in vielen Fällen doch zu allen Zeiten so weitgehend regelmäßig nachweisbar, daß man eine technische Ausnutzung unternehmen kann, zumal sonst überhaupt kein regelmäßiger Empfang dieser Wellen in den Gebieten unterhalb der Horizontlinie möglich ist. Der praktische Nutzen des Empfangs von Streustrahlung wird im Abschnitt VII noch erörtert werden.

Ein weiterer, für die Ausbreitung elektromagnetischer Wellen wichtiger Vorgang in der Troposphäre ist der Regen. Wasser in flüssiger Form ist ein Dielektrikum, das besonders starke Polarisation im Versuch nach Abb. 2 erzeugt und daher einen hohen Brechungsindex hat, also auf Wellen sehr stark einwirkt. Dies geschieht allerdings nur bei den Frequenzen, die die Funktechnik verwendet. Die Polarisation des Wassers ist etwas träge, so daß sie bei den weit höheren Frequenzen des sichtbaren Lichts wesentlich geringer ist als bei niedrigeren Frequenzen. Während sich also im Bereich des sichtbaren Lichts das Wasser in seinem Brechungs- und Reflexionsverhalten nicht mehr sehr vom Glas unterscheidet, und das Wasser daher für Lichtwellen gut durchsichtig ist, ist es bei den tieferen Frequenzen der Funktechnik erheblich aktiver (Brechungsindex 9, gegenüber Glas mit etwa 2). Wasser ist daher für die Wellen der Funktechnik ein sehr wirksames Material. Wegen des hohen Brechungsindex dringen die Wellen nur schlecht ins Wasser ein, und die eingedrungenen Wellen werden im Wasser so gedämpft, daß sie dickere Wasserschichten nicht durchdringen, Wasser kann also im Bereich der Frequenzen der Funktechnik schon fast als „undurchsichtig“ bezeichnet werden. Die Wassermengen eines Regens sind jedoch stets relativ gering, da sehr viel Luft zwischen den Regentropfen ist. 1%

Regenwasser in der Luft ist schon sehr viel. Außerdem sind die Regentropfen sehr klein. An solchen kleinen Tropfen werden die Wellen nach den Gesetzen der Beugungstheorie nach allen Seiten gestreut. Die Streuung einer Welle an einer kleinen Kugel (Regentropfen) hängt ab vom Verhältnis des Kugeldurchmessers zur Wellenlänge. Bei den niedrigeren Frequenzen (Wellenlänge größer als 1 m) ist das Verhältnis der Tröpfchengröße zur Wellenlänge so extrem klein, daß auch ein starker Regen die Wellen ungehindert durchläßt. Mit abnehmender Wellenlänge wird der Einfluß des Regens größer. Bei einer Wellenlänge von 10 cm mißt man leichte Zerstreuung der Wellen durch Regen, wobei die Welle beim Durchlaufen von 1 km bei starkem Regen etwa 1% ihrer Leistung verliert. Bei Wellenlängen von 3 cm kann der Einfluß des Regens schon recht erheblich sein. Bei starkem Regen verliert eine 3cm-Welle beim Durchlaufen von 1 km etwa 25% ihrer Leistung durch regellose Zerstreuung in alle Richtungen. Dies behindert die praktische Anwendung extrem hoher Frequenzen ernstlich. Wolken und Nebel stören dagegen erst bei noch höheren Frequenzen, weil sie extrem kleine Wassertröpfchen enthalten.

Im Bereich der höchsten Frequenzen wird die Ausbreitung der Wellen auch durch Resonanzen innerer Schwingungen in den Luftmolekülen begrenzt. Moleküle bestehen aus mehreren Bestandteilen, die durch elektrische Kräfte zusammengehalten werden. Durch von außen wirkende Wechselfelder entstehen in ihnen wie in Abb. 2 Schwingungen durch Verschieben der Teile gegeneinander. Diese Schwingungen besitzen Eigenresonanzen bei sehr hohen Frequenzen. Wenn die Frequenz der durch die Luft laufenden Welle in der Nähe der Resonanzfrequenz einer Molekülart liegt, werden diese Moleküle durch die Welle zu sehr starken inneren Schwingungen angeregt. Die Energie der Molekülschwingung wird von der Welle geliefert, und die Wellenenergie dementsprechend verringert. Wellen mit Frequenzen, die in der Nähe der Resonanzfrequenzen liegen, werden daher beim Durchgang durch die Atmosphäre so stark geschwächt, daß die Atmosphäre für solche Frequenzen „undurchsichtig" ist. Es gibt sehr viele solcher Resonanzfrequenzen. Die niedrigste Resonanzfrequenz hat der Wasserdampf in der Luft bei einer Wellenlänge von 1,3 cm (Frequenz 22 Milliarden Hertz). Im Mittel dämpft der Wasserdampf in der Umgebung dieser Frequenz so, daß eine Welle beim Durchlaufen von 10 km die halbe Leistung verliert. In Ländern mit großer Luftfeuchtigkeit ist die Leistungsabnahme noch größer. Die nächste Resonanzfrequenz ist die des Sauerstoffmoleküls bei Wellenlängen von 5 mm (Frequenz 60 Milliarden Hertz). Wellenlängen bis herab zu 2 cm sind also durchwegs für die drahtlose Übertragung brauchbar, soweit sie nicht zeitweise durch Regen gestört werden. Wellenlängen zwischen 2 und 1 cm sind durch den Wasserdampf stark gestört. Dann folgt ein sogenanntes „Fenster", d. h. für Wellenlängen um 8 mm herum ist die Atmosphäre wieder einigermaßen durchsichtig, wenn es nicht regnet. Mit der Resonanz bei 5 mm Wellenlänge wird die Atmosphäre wieder undurchsichtig, und es beginnt dann die Dunkelheit in der Atmosphäre mit einer Fülle von Resonanzen, die sich bis zu den Frequenzen des Infrarot fortsetzen. Um im Bereich höchster Frequenzen für die Wellenübertragung nutzbare Frequenzen zu bekommen, bestehen Pläne, Wellen mit Wellenlängen von einigen Millimetern in Rohren mit reinem Stickstoff fortzuleiten, weil die Resonanzen des Stickstoffs bei noch höheren Frequenzen liegen. So könnte man die Millimeterwellen nutzbar machen.

VII. Elektromagnetische Wellen in der Nachrichtentechnik

Auf Grund der Darlegungen der Abschnitte V und VI kann nun erkannt werden, wie die Wellen der verschiedenen Frequenzen in der heutigen Technik eingesetzt werden. Die älteste und auch heute noch überwiegende Aufgabe der elektromagnetischen Wellen ist die Übertragung von Nachrichten im allgemeinsten Sinn (Telegrafie, Telefonie, Musik, Fernsehen usw.). Für die Übertragung von Nachrichten gibt es zwei Möglichkeiten, die drahtgebundene Übertragung, bei der Sender und Empfänger durch mindestens zwei Drähte (Leitung oder Kabel genannt) verbunden sein müssen, und die drahtlose Übertragung mit Hilfe elektromagnetischer Wellen. Welches der beiden Verfahren man wählt, hängt von der technischen Zweckmäßigkeit ab und ist je nach Aufgabestellung verschieden. Man unterscheidet in der Nachrichtentechnik folgende Aufgaben:

1. Der Punkt-zu-Punkt-Verkehr: Hierbei wird die Nachricht von einem einzigen Sender zu einem einzigen Empfänger übertragen, wobei beide Partner sich an unveränderlichen und bekannten Orten befinden.
2. Der mobile Verkehr: Hierbei bewegt sich der eine oder beide Partner (z. B. Schiff, Flugzeug, Kraftwagen, Eisenbahn).
3. Der Rundfunk: Hierbei soll ein Sender auf sehr viele Empfänger in einem ausgedehnten Gebiet wirken.

Im Punkt-zu-Punkt-Verkehr sind Kabelverkehr und Funkverkehr beide brauchbar. Im Verkehr über kleinere Entfernungen dominiert bis heute das Kabel, weil es billiger ist und prinzipiell bei hinreichender Anzahl der verlegten Drähte jedem Bedarf gewachsen ist. Über größere Entfernungen ist der Funkverkehr oft billiger, aber wegen der nicht in beliebiger Menge verfügbaren, ungestörten Frequenzen heute meist nicht mehr in der Lage, den großen Bedarf an Nachrichtenverbindungen zu decken. Daher existieren bis heute Kabelverkehr und Funkverkehr zur Nachrichtenübertragung über größere Entfernungen gleichwertig nebeneinander. Lediglich für die Übertragung hochwertiger Fernsehbilder ist der Funkverkehr zur Zeit noch die einzige Möglichkeit, da alle bisher verwirklichten Kabelverbindungen das Fernsehbild über größere Entfernungen nicht in der zu fordernden Qualität übertragen. Der mobile Verkehr ist die Domäne der Funktechnik von Anbeginn, da man einen sich bewegenden Partner über Kabel nicht erreichen kann. Der Rundfunk verwendet ebenfalls den drahtlosen Weg, weil dieser es gestattet, auf billigstem Wege beliebig viele Empfänger an beliebigen Orten innerhalb der Reichweite der Wellen zu versorgen. Man hat zeitweise zwar auch das ausgedehnte Netz der postalischen Telefonleitungen, das man in Deutschland vor dem zweiten Weltkrieg zu diesem Zweck erheblich umgestaltete und ausbaute, für die Versorgung der großen Städte mit rundfunkähnlichen Sendungen auf drahtgebundenem Wege verwendet. Man nannte dies „Drahtfunk“ und benutzte ihn im Kriege hauptsächlich für die Warnung bei Fliegerangriffen. Denn beim Erscheinen feindlicher Flieger über dem Reichsgebiet stellten alle Rundfunksender ihre Sendungen ein, um dem Gegner nicht durch Anpeilen der Rundfunksender eine Ortsbestimmung über Deutschland zu ermöglichen. In solchen Zeiten war der Drahtfunk ein nützliches Mittel, um die Bevölkerung zu informieren und ihr Nachrichten zu übermitteln, die der Feind nicht hören sollte. Später hat man den Drahtfunk nicht fortgesetzt, wenn auch diese Idee grundsätzlich weiterhin diskutiert wird.

Ein entscheidendes Problem bei jeder Anwendung elektromagnetischer Wellen ist es, die Sendefrequenz so auszuwählen, daß die sich einerseits für den gewünschten Zweck gut eignet, andererseits bereits bestehende Funkeinrichtungen nicht stört. Da sich die Wellen häufig über die Grenzen eines Staates hinaus ausbreiten und auch viele internationale Funkverbindungen existieren, kann die gegenseitige Störung von Funkverbindungen nur vermieden werden, wenn internationale Vereinbarungen über die Verwendung der verschiedenen Frequenzen getroffen und die Einhaltung dieser Vereinbarung kontrolliert und erzwungen werden kann. Eine derartige internationale Regelung ist stets schwer zu erreichen, und der Funkverkehr war daher noch zu keiner Zeit völlig frei von gegenseitigen Störungen, heute weniger denn je. Die erste internationale Funkkonferenz fand 1903 in Berlin statt und hatte eine interessante Vorgeschichte, die die internationale Problematik recht gut beleuchtet: Im Jahre 1902 hatte Prinz Heinrich von Preussen einen Besuch in USA gemacht und wollte während der Heimfahrt vom Schiff aus dem Präsidenten Roosevelt ein Danktelegramm auf dem Funkweg übermitteln. Die zuständige Marconi-Empfangsstation verweigerte die Weitergabe der Nachricht, weil sie mit einem Sender ihres Konkurrenten Telefunken nicht zusammenarbeiten wollte. Kaiser Wilhelm II. nahm dies zum Anlaß, mit Unterstützung des Präsidenten Roosevelt eine internationale Konferenz nach Berlin 1903 einzuberufen. Der Konferenzbeschluß, daß der Funkverkehr der Schiffahrt unabhängig vom verwendeten System alle Interessenten bedienen sollte, wurde wegen des Widerstandes von Marconi in England und Italien nicht angenommen. Noch im Jahre 1905 weigerte sich die Marconi-Station auf der Insel Borkum (also auf deutschem Boden) ein Telegramm anzunehmen, das Kaiser Wilhelm II. auf einer Mittelmeerreise vom Dampfer „Hamburg“ nach Deutschland schicken wollte. Dies veranlaßte die Deutsche Reichspost, in Norddeich an der Nordseeküste eine deutsche Sende- und Empfangsstation einzurichten (Abb. 30).

Eine zweite Konferenz in Berlin 1906 konnte das Werk von 1903 vollenden und befaßte sich erstmalig mit der Festlegung bestimmter Frequenzen. Da damals praktisch nur der Funkverkehr zwischen Festlandstationen und Schiffen existierte, wurden sogenannte Ruffrequenzen für diesen Verkehr festgelegt, und zwar 500000 und 1 Million Hertz. Die Ruffrequenz von 500000 Hertz hat sich bis heute erhalten, während die Ruffrequenz 1 Million Hertz später wieder aufgegeben und dem Rundfunk zugeteilt wurde. Die 500000 Hertz erlangten besondere Berühmtheit dadurch, daß man auf ihr im Seenotfall die SOS-Rufe sendet, die dann von jedem freien Empfänger sofort empfangen werden. Das SOS wurde ebenfalls auf der Konferenz von 1906 als Hilferuf vereinbart und ist seit 1912 allgemein auf See in Verwendung, weil dieses Morsezeichen (3 Punkte, 3 Striche, 3 Punkte) sich nach vielen Versuchen als besonders gut erkennbar erwiesen hat. Es hat viele Menschen von sinkenden Schiffen gerettet. Der erste Fall einer Rettung mit Hilfe der Funktechnik ereignete sich 1903, als der Dampfer „Kronland" an der Küste Irlands im Sturm unterging. Die drahtlosen Signale retteten 900 Menschen das Leben. Insbesondere die bekannte Katastrophe des Dampfers „Titanic", der am 14. April 1912 mit 1500 Menschen unterging, zeigte die Notwendigkeit der Funkausrüstung aller Schiffe, da ein damals tatsächlich in der Nähe befindliches Schiff wahrscheinlich alle Menschen hätte retten können, wenn es eine Funkausrüstung besessen hätte. Durch internationale Konferenzen wurde das Rettungssystem auf See in ausgezeichneter Weise ausgebaut. Man schätzt, daß durch die Verwendung elektromagnetischer Wellen im zivilen Seenot-Rettungsdienst bis heute etwa 20000 Menschen (ohne militärische Rettungsaktionen in den Kriegen) das Leben gerettet wurde.

Die erste große Funkkonferenz fand 1927 in Washington statt, nachdem der Weltkrieg die Funktechnik weit vorangetrieben und sich der Rundfunk auf vielen Frequenzen bereits festgesetzt hatte. Ferner waren auch auf der Kurzwelle bereits zahlreiche Funkdienste in Betrieb. Es war daher nicht mehr möglich, in sorgfältiger Vorausplanung eine ideale Verteilung der Frequenzen vorzunehmen, sondern man mußte sich darauf beschränken, das bestehende Durcheinander irgendwie erträglich zu machen. So blieb es auch in späteren Zeiten. Beschlüsse konnte man nur fassen über Systeme, die es schon gab, und über Frequenzen, deren Verhalten man kannte. Die technische Entwicklung führte aber dazu, daß Sender mit immer höherer Frequenz gebaut werden konnten. Die internationale Vereinbarungen hinkten also hinter der Technik her, und eine Vorausplanung war tatsächlich stets schwierig, weil man den Zukunftsbedarf (insbesondere den Bedarf der Luftfahrt und des Militärs) nicht kannte und die Verwendbarkeit höherer Frequenzen natürlich erst dann im Detail übersehen werden konnte, wenn man jahrelange Erfahrungen im praktischen Funkverkehr hatte. Die letzte internationale Konferenz in Atlantic City 1947 schaffte dann einen vorläufigen Plan für die Verwendung aller Frequenzen bis zu der in Abschnitt VI erläuterten oberen Grenze bei etwa 1 cm Wellenlänge. Hierbei wurde erstmalig auch der Bedarf der im Laufe der Zeit entstandenen Funkortungssysteme eingeplant. Die schwierige politische Situation der Welt wird wohl noch lange eine endgültige Lösung für eine optimale Frequenzverteilung verhindern, zumal das militärische Interesse an den elektromagnetischen Wellen immer größer wird und Einzelheiten hierüber den internationalen Gremien aus Geheimhaltungsgründen nicht bekannt gegeben werden. Die derzeitige Frequenzplanung ist zweifellos nicht ideal. Sie enthält viele Zufälligkeiten und Erbschaften aus der Pionierzeit. Sie ist eine Kombination technisch vernünftiger Forderungen mit wirtschaftlichen und politischen Überlegungen. Das seit langem drückendste Problem ist ein ausgeprägter Mangel an verfügbaren Frequenzen, der manche wünschenswerten Anwendungen elektromagnetischer Wellen überhaupt verhindert.

Für die Verteilung der Frequenzen an die Benutzer ist eine Erscheinung wichtig, die durch die Modulation der Wellen entsteht. Wenn man einen Sender einschaltet und über längere Zeit die Amplitude und die Frequenz der gesendeten Wellen konstant läßt, so empfängt der Empfänger zwar die Wellen, aber am Ausgang des Empfängers entsteht ein zeitlich unverändertes Zeichen. Die einzige Information, die der Besitzer des Empfängers erhält, lautet: „der Sender ist eingeschaltet“. Diese Nachricht ist aber meist uninteressant. Wichtig ist daher folgende Erkenntnis. Wenn man dem Empfänger irgendeine Nachricht übermitteln will, muß sich im Lauf der Zeit irgendetwas an der gesendeten Welle ändern, entweder die Amplitude (d. h. die Feldstärke) oder die Frequenz. Wenn man die Amplitude der Welle ändert, nennt man dies „Amplitudenmodulation". Wenn man die Frequenz der Welle ändert, spricht man von „Frequenzmodulation". Für den hier beabsichtigten Zweck reicht es aus, die Amplitudenmodulation zu betrachten, da dieses Verfahren besonders leicht zu verstehen, leicht zu realisieren ist und auch bisher am meisten verwendet wurde. Die einfachste Amplitudenmodulation zeigt bereits Abb. 60c. Schließt man einen Gleichrichter an, so entwickelt dieser einen Strom nach Abb. 60d und im Ladekondensator des Gleichrichters eine Spannung nach der Umhüllenden in Abb. 60d. Wenn man einen Ton bestimmter Frequenz, z. B. den hörbaren Ton von 1000 Hertz, übertragen will, so verlangt man, daß die Umhüllende in Abb. 60d eine Wechselspannung von 1000 Hertz enthält, daß also die Schwankungen der Spannung eine Frequenz von 1000 Hertz besitzen. Man braucht dann nur die Spannung der Abb. 60d an einen Lautsprecher zu legen, um den Ton von 1000 Hertz dort hörbar zu machen. Nach den Erörterungen zu Abb. 60 ist die Frequenz der Schwankungen in Abb. 60d gleich der Differenz der Frequenzen der beiden überlagerten Schwingungen der Abb. 60a und b.

Wenn also ein Sender dem Empfänger einen Ton von 1000 Hertz vermitteln will, muß er seine Amplitude nach Abb. 60c modulieren. Dies geschieht im einfachsten Fall dadurch, daß er neben seiner eigentlichen Frequenz (Abb. 60b) noch eine zweite Frequenz (Abb. 60a) aussendet, die sich von der ersten Frequenz um 1000 Hertz unterscheidet. Die eigentliche Frequenz des Senders nennt man seine „Trägerfrequenz"; die Hilfsfrequenz, die die Modulation erzeugt, nennt man die „Seitenfrequenz"; die Differenzfrequenz beider (1000 Hertz) ist die „Modulationsfrequenz". Die entscheidende Erkenntnis ist, daß jeder modulierte Sender mindestens zwei Frequenzen gleichzeitig aussenden muß und daß der Abstand beider Frequenzen gleich der Modulationsfrequenz ist. Man stellt dies schematisch durch eine Frequenzskala wie in Abb. 70 dar. Abb. 70a zeigt eine Trägerfrequenz von 100000 Hertz (abgekürzt: Hz) und ihre Seitenfrequenz für eine Modulationsfrequenz von 1000 Hertz. Der Fall, daß ein Sender nur mit einem einzigen Ton moduliert wird, ist selten. Wenn man z. B. Sprache oder Musik übertragen will, kommen viele verschiedene Töne gleichzeitig und nacheinander vor. Zu jedem Ton muß dann der Sender neben der Trägerfrequenz die passende Seitenfrequenz

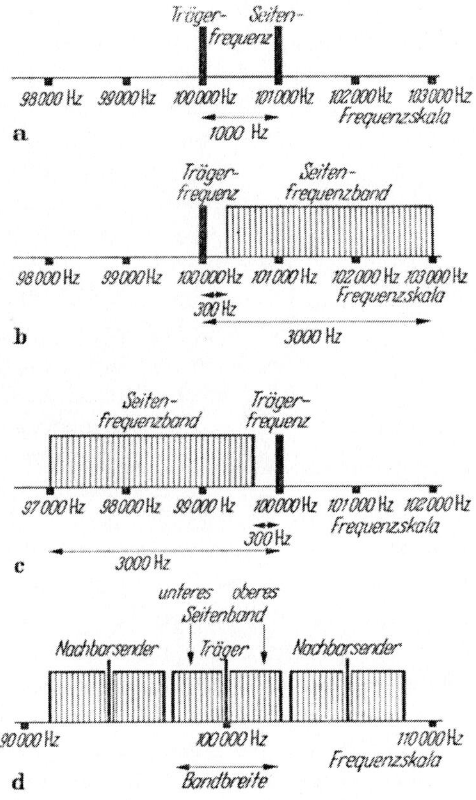

Abb. 70. Frequenzskala modulierter Sender

erzeugen, so daß der Sender gleichzeitig mehrere Seitenfrequenzen haben kann, wobei diese Seitenfrequenzen auch laufend wechseln. Die Gesamtheit dieser Seitenfrequenzen, die im Lauf der Zeit auftreten, nennt man das „Seitenfrequenzband" oder kurz „Seitenband". Abb. 70b zeigt schematisch die Trägerfrequenz und das Seitenband für eine Sprachübertragung nach den Vorschriften des internationalen Telefonieverkehrs mit Modulationsfrequenz zwischen 300 und 3000 Hertz.

Man nennt das bisher beschriebene Verfahren eine „Einseitenbandmodulation". Es ist dabei gleichgültig, ob das Seitenband unterhalb der Trägerfrequenz oder oberhalb der Trägerfrequenz liegt, da es nur darauf ankommt, daß die *Differenz* der Seitenfrequenz zur Trägerfrequenz richtig ist. Abb. 70c zeigt das der Abb. 70b entsprechende untere Seitenband. In den meisten Fällen sendet man das obere und das untere Seitenband gleichzeitig aus, und zwar in solcher Kombination, daß sich beide bei der Amplitudenmodulation unterstützen. Dann erhält man den Frequenzplan der Abb. 70d Mitte. Man kann durch Aussenden beider Seitenbänder erreichen, daß ein hoher „Modulationsgrad" entsteht wie in Abb. 71a, wobei die kleinsten Amplituden der modulierten Schwingung fast Null sind. Abb. 71b zeigt die durch Gleichrichtung aus der Schwingung der Abb. 71a entstehende Umhüllende. Im Vergleich zu Abb. 60c und d erkennt man in Abb. 71 die ausgeprägtere Modulation. Dieser hohe Modulationsgrad ist stets anzustreben: Für den Lautsprecher hinter dem Empfänger ist nämlich lediglich die Wechselspannung von Interesse, die in Abb. 71b den übertragenen Ton enthält, aber nicht die in der Spannungskurve der Abb. 71b auch noch enthaltene Gleichspannung. Man erstrebt also möglichst große Amplituden*änderungen* durch die Modulation und verwendet beide Seitenbänder gleichzeitig, um dies auf einfachem Wege und mit hoher Qualität zu erreichen.

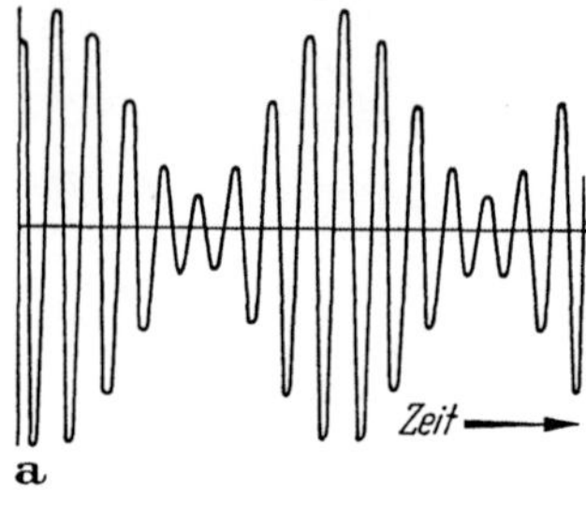

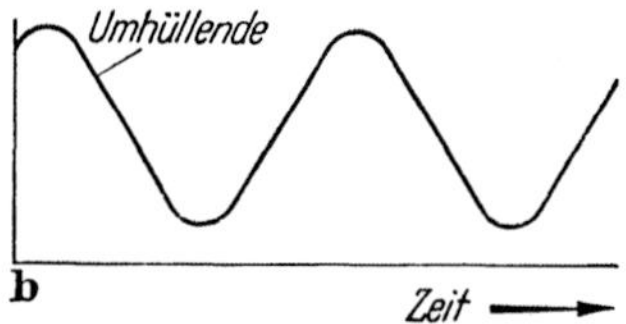

Abb. 71. Amplitudenmodulation

Die wesentliche Erkenntnis hieraus ist, daß ein modulierter Sender nicht eine einzige Frequenz, sondern ein Frequenz*spektrum* aussendet, daß es also nicht ausreicht, einem Sender eine Betriebsfrequenz zuzusprechen, sondern man muß für ihn bei der Frequenzplanung die von seinen Seitenbändern belegten Frequenzen ebenfalls reservieren. Man sagt, daß ein Sender eine bestimmte Frequenzbandbreite, kurz „Bandbreite", hat. In Abb. 70d ist angedeutet, wie sich im Frequenzschema an die Frequenzen des einen Senders die Frequenzen anderer Sender anschließen, die ebenfalls Trägerfrequenz und Seitenbänder besitzen und im Idealfall mit ihren Frequenzen so liegen, daß keine Überschneidung der Seitenbänder eintritt. Die höchste Modulationsfrequenz des Senders ergibt diejenigen Seitenfrequenzen, die in Abb. 70d den größten Abstand von ihrer Trägerfrequenz haben, weil der Abstand der Seitenfrequenz von der Trägerfrequenz gleich der Modulationsfrequenz ist. Jeder Sender beansprucht also einen reservierten Frequenzbereich, dessen Breite gleich dem Zweifachen der höchsten Modulationsfrequenz ist. Man erkennt in Abb. 70d ebenfalls, daß der Abstand der Trägerfrequenz des Senders von der Trägerfrequenz eines frequenzmäßig benachbarten Senders im Idealfall mindestens gleich dem Zweifachen der höchsten Modulationsfrequenz sein muß, damit sich die Seitenbänder nicht überschneiden.

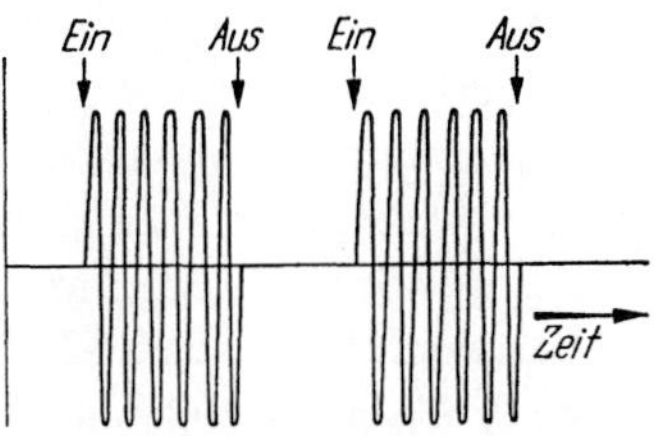

Abb. 72. Fernschreibzeichen

Die für eine Nachrichtenübertragung erforderliche Frequenzbandbreite kann sehr verschieden sein. Die kleinste Bandbreite hat das Fernschreiben (Telegrafie), bei dem die Buchstaben eines Textes übertragen werden. Alle Fernschreibverfahren verwenden das Prinzip, das schon bei der bekannten Morsetelegrafie verwendet wurde. Der Sender wird in bestimmten Zeitabständen eingeschaltet, sendet für einige Zeit und wird dann wieder ausgeschaltet (Punkte und Striche der Morsetelegrafie). Das alte Morseverfahren von 1837 wurde mittlerweile so abgewandelt und vervollkommnet, daß der Empfänger nach Empfang der hierfür bestimmten Zeichenfolge die Buchstaben direkt druckt wie eine Schreibmaschine. Auf jeden Fall ist das vom Sender gesendete Signal eine Folge kurzer Sendezeichen mit dazwischenliegenden Pausen wie in Abb. 72. Dies ist im Prinzip nichts anderes als eine extreme Form des Modulationsverlaufs der Abb. 71a, wenn man das Einschalten des Senders als Ansteigen der Amplitude und das nachfolgende Ausschalten als Absinken der Amplitude betrachtet. Sendet man pro Sekunde 10 Zeichen, (also etwa 2 Buchstaben) so wäre dies einer Amplitudenmodulation mit einer Modulationsfrequenz von 10 Hertz ähnlich, und ein solcher Sender hätte in Abb. 70a die sehr kleine Bandbreite von 20 Hertz. Will man mehr Buchstaben pro Sekunde übertragen, so muß man mehr Einzelsignale pro Sekunde übertragen, und die Modulationsfrequenz steigt. Die Bandbreite eines gesendeten Signals hängt beim Fernschreiben also ab von der Zahl der pro Sekunde zu übertragenden Buchstaben. Das Fernschreiben ist daher das geeignete Verfahren für eine Nachrichtenübertragung, wenn nur wenig Frequenzband verfügbar ist, wobei man entsprechend langsam telegrafiert.

Bei der Sprach- oder Musikübertragung sind die Bandbreiten höher, denn Sprache und Musik enthalten hörbare Frequenzen bis etwa 15000 Hertz. Bei voller Übertragung dieser Sprachfrequenzen wäre die maximale Modulationsfrequenz 15000 Hertz und das Frequenzband des Senders 30000 Hertz breit. Da in vielen Fällen ein solches Frequenzband im allgemeinen Frequenzplan nicht zur Verfügung steht, scheidet man die hohen Frequenzen der Sprache durch Filter aus. Eine Übertragung mit höchsten Tönen von 10000 Hertz ist noch sehr gut, und nur ein geübter Fachmann kann erkennen, daß dabei die Töne zwischen 10000 und 15000 Hertz fehlen. Meist muß man aber den Tonumfang der Übertragung noch mehr einschränken, um Frequenzband zu sparen; jedoch wird Sprache und Musik mit einer Frequenzbeschränkung auf 6000 Hertz durchweg noch als brauchbar empfunden und von den meisten Rundfunkhörern ohne weiteres akzeptiert. Für den normalen Telefonieverkehr, bei dem lediglich Verständlichkeit des gesprochenen Wortes verlangt wird, darf man die Sprachfrequenzen sogar auf 3000 Hertz beschränken.

Ein ungewöhnlich kräftiger Verbraucher von Frequenzband ist das Fernsehen. Die äußerst zahlreichen Punkte eines Fernsehbildes, die pro Sekunde übertragen werden müssen, ergeben Modulationsfrequenzen von mehreren Millionen Hertz. Je höher die Modulationsfrequenz, d. h. je größer die Bandbreite des gesendeten Signals ist, desto schärfer wird das Bild. Fernsehähnliche Probleme birgt die Radartechnik (Abschn. VIII), deren

Bilder Modulationsfrequenzen bis zu 20 Millionen Hertz enthalten können.

Diesem erheblichen Bedarf an Frequenzen steht die Tatsache gegenüber, daß die Frequenzen der elektromagnetischen Wellen nicht in beliebiger Menge verfügbar sind. Die folgenden Zahlen, die diese Problematik verdeutlichen sollen, sind etwas vereinfacht, lassen aber das wesentliche deutlich erkennen. Betrachtet man beispielsweise die sehr niedrigen Frequenzen zwischen 10000 Hertz (Wellenlänge 30 km) und 100000 Hertz (Wellenlänge 3 km), so ist das zwischen 10000 und 100000 Hertz liegende Frequenzband insgesamt nur 90000 Hertz breit. Da sich Wellen dieser Frequenz nahezu über die ganze Erde ausbreiten, kann jede Frequenz meist nur für einen einzigen Sender verwendet werden. Rechnet man z. B. mit einem Weltbedarf von nur 900 Sendern in diesem Frequenzbereich, so stünde jedem Sender ein Band von 100 Hertz zur Verfügung, wenn gegenseitige Störungen vollständig vermieden werden sollen. Diese Zahlen machen es bereits verständlich, daß in diesem Frequenzbereich nur das Fernschreiben mit kleiner Bandbreite möglich ist. Man hat zwar vor der Inbetriebnahme der Kurzwellen vielfach auch auf diesen Frequenzen Telefonieversuche gemacht, jedoch blieb der offizielle Telefonieverkehr bei diesen Frequenzen eine Seltenheit. Die Konkurrenz der Kurzwellenverbindungen und der modernen Überseekabel hat die Bedeutung der niedrigen Frequenzen stark eingeschränkt. Sie sind jedoch noch wichtig als Reserve für Zeiten, in denen die Ionosphäre stark gestört ist und die Bodenwelle der niedrigen Frequenzen die einzige Möglichkeit eines Funkverkehrs bietet. Dies ist besonders wichtig für die Polargebiete, in denen eine Störung der Kurzwelle sehr häufig ist. In neuerer Zeit ist daher das Interesse für die niedrigen Frequenzen wieder gestiegen (zivile Polarflüge, militärische Stationen in der Arktis, Forschungsstationen in der Antarktis).

Betrachtet man die Frequenzen zwischen 100000 Hertz (Wellenlänge 3 km) und 1 Million Hertz (Wellenlänge 300 m), so ist das zwischen diesen Frequenzen liegende Frequenzband bereits 900000 Hertz breit. Bedenkt man ferner, daß die Reichweite solcher Wellen mit wachsender Frequenz abnimmt, so kann man auf der Erde meist mehrere Sender gleichzeitig ohne gegenseitige

Störung auf der gleichen Frequenz arbeiten lassen und hat große Möglichkeiten, insbesondere nun auch für die Übertragung von Sprache und Musik. Daher findet man in diesem Frequenzbereich viele Sender für Telefonieverkehr und viele Rundfunksender. Die diesen Sendern zugewiesenen Frequenzen richten sich nach den Entfernungen, die man überbrücken will. Bei 3 km Wellenlänge erhält man noch sehr große Reichweiten, bei 300 m Wellenlänge nur noch Reichweiten von einigen hundert Kilometern. Für den sich nach 1920 langsam entwickelnden Rundfunk erhielten in Europa die einzelnen Staaten zunächst meist je einen Rundfunksender mit Frequenzen bei etwa 200000 Hertz für größere Reichweite über ganz Europa (Deutschlandsender in Königswusterhausen bei Berlin) und die eigentlichen Rundfunksender (die noch heute existieren) mit Frequenzen zwischen 600000 Hertz und 1 Million Hertz als Bezirkssender mit Reichweiten von etwa 300 km und einige Hilfsrundfunksender für kleine Reichweite bei noch höheren Frequenzen.

Der Frequenzbereich dieser „Mittelwellen"-Rundfunksender zwischen 600000 Hertz und 1,5 Millionen Hertz ist 900000 Hertz breit und könnte daher nur 45 Sender aufnehmen, wenn man die für den Rundfunk an sich wünschenswerten Modulationsfrequenzen von 10000 Hertz (Bandbreite des gesendeten Spektrums 20000 Hertz) fordern würde. Der Bedarf an Sendefrequenzen ist aber erheblich höher, und daher wurden die Abstände der Frequenzen der Sender durch internationale Vereinbarung in Europa auf 9000 Hertz festgelegt, also etwa 100 Sendefrequenzen geschaffen. Dies ist zwar keinesfalls mehr ein idealer Zustand, weil daraus nach Abb. 70d folgt, daß jeder Rundfunksender eine störungsfreie Bandbreite von nur 9000 Hertz hat. Die maximale Modulationsfrequenz wäre demnach 4500 Hertz. Da dies für hochwertige Sprache und Musik zu wenig ist, moduliert man diese Rundfunksender meist mit Frequenzen bis zu 8500 Hertz, so daß sich die Seitenbänder frequenzmäßig benachbarter Sender überlappen und die Sender sich gegenseitig etwas stören. Aber auch dies reicht heute nicht mehr aus, so daß in Europa oft zwei Sender die gleiche Trägerfrequenz benutzen und eine störungsfreie Frequenzverteilung nicht mehr besteht. In USA gab es im Jahre 1952 auf den dort verfügbaren 105 Sendefrequenzen bereits 2100 Rundfunksender, die zwar meist mit sehr kleiner Leistung und dementsprechend kleiner Reichweite arbeiten, sich aber doch erheblich stören, insbesondere nachts, wenn die Dämpfung der Raumwellen durch die von der Sonne erzeugte D-Schicht (Abb. 65) aufhört.

Da die Absorption durch die D-Schicht mit wachsender Frequenz schwächer wird, liegt zwischen 3 Millionen Hertz (Wellenlänge 100 m) und 30 Millionen Hertz (Wellenlänge 10 m) der Bereich der für die Fernübertragung geeigneten Kurzwellen. Der Bereich hat die riesenhafte Breite von 27 Millionen Hertz, die die Bedürfnisse im Fernverkehr weitgehend befriedigen könnte, wenn man stets alle Frequenzen benutzen könnte. Jedoch sind die höheren Frequenzen dieses Bereichs nicht immer brauchbar, weil die Ionosphäre die höheren Frequenzen nur in Zeiten großer Ladungskonzentration reflektiert. In Zeiten geringer Ladungskonzentration sammelt sich der gesamte Funkverkehr zwischen 3 Millionen und 7 Millionen Hertz, also in einem sehr kleinen Bereich, so daß gegenseitige Störungen entstehen. In Zeiten großer Ladungskonzentration verlagert sich der Verkehr auf die höheren Frequenzen, und die Übertragungen stören sich gegenseitig nicht. Man ist bereits bemüht, Frequenzband dadurch einzusparen, daß man auf die in Abb. 70d dargestellte Modulation mit zwei Seitenbändern verzichtet und auf eine Modulation mit nur einem Seitenband nach Abb. 70b oder c übergeht. Man schränkt dadurch das benötigte Frequenzband auf die Hälfte ein und kann das eingesparte Band einem weiteren Sender überlassen, jedoch ist der technische Aufwand bei Einseitenbandmodulation auch wesentlich höher. Im Bereich der Kurzwellen gibt es Punkt-zu-Punkt-Verkehr, Funkverkehr mit Schiffen und Flugzeugen, Rundfunk und einige Frequenzen für Amateure. Die Bedeutung des Rundfunks auf der Kurzwelle ist etwas zweifelhaft, da ein guter Kurzwellenempfang in großen Entfernungen zwar mit dem Riesenaufwand der Großstationen sehr gut, konstant und zuverlässig ist, aber der private Rundfunkempfänger mit seinem kleinen Aufwand doch nur einen stark schwankenden und meist gestörten Empfang ermöglicht. Ferner ist die Qualität der Übertragung schlecht, da die Modulation auf den langen Wegen oft verzerrt wird. Da nach Abb. 70 ein modulierter Sender ein Frequenzband aussendet, das die Modulation enthält, wird die Modulation gestört, wenn der lange Übertragungsweg nicht alle im Band enthaltenen Frequenzen gleich gut überträgt. Der Kurzwellen-Rundfunk ist daher kein besonders hervorragendes Ereignis und wird schon seit langem vorwiegend aus politisch-propagandistischen Gründen betrieben, um Nachrichten über die ganze Erde zu verbreiten.

Die Wellen im Frequenzbereich zwischen 30 Millionen Hertz (Wellenlänge 10 m) und 300 Millionen Hertz (Wellenlänge 1 m) bezeichnet man meist als Ultrakurzwellen (UKW) oder Meterwellen. Das Frequenzband zwischen diesen beiden Frequenzgrenzen ist 270 Millionen Hertz breit, also mehr als das Neunfache dessen, was in *allen* Frequenzbereichen unterhalb von 30 Millionen Hertz insgesamt zur Verfügung steht. Ferner ist die Reichweite dieser Wellen schon so klein, daß man in Europa jede Frequenz mehrfach verwenden kann. Es sind auch bereits Richtantennen einfachster Form möglich, so daß die gegenseitige Störung von Wellen gleicher Frequenz auch noch durch passende Anwendung gerichteter Strahlung verringert werden kann. Nachdem man diesen Frequenzbereich technisch beherrschte, hatte man also eine Fülle neuer Möglichkeiten. Es war z. B. möglich, hier einen Rundfunk aufzubauen mit Bandbreiten, die endlich alle Forderungen hinsichtlich hoher Modulationsfrequenzen erfüllen konnten. Hier ergab sich auch die Möglichkeit, die großen Bandbreiten freizuhalten, die das Fernsehen benötigt. Zwar war es noch schwierig, bei den Modulationsfrequenzen des Fernsehens von 4 Millionen Hertz oder mehr eine Zweiseitenbandmodulation nach Abb. 70d zu gestatten; daher betreibt man das Fernsehen in diesem Frequenzgebiet meist nach Art der Einseitenbandmodulation (Abb. 70b oder c) und spart dadurch etwas Frequenzband ein. Man findet auf diesen Ultrakurzwellen auch die große Zahl mobiler Verbindungen, bei denen nur kleine Entfernungen zu überbrücken sind: Polizei, Feuerwehr, Taxis, Schiffe und vieles andere mehr. Eine erhebliche Förderung erfuhr die Ultrakurzwellentechnik im Zeitalter der Luftfahrt. Da diese Wellen wegen der hohen Erdbodendämpfung vorzugsweise in der in Abb. 62 dargestellten Form mit erhöhter Senderantenne verwendet und frei in den Raum ausgestrahlt werden, ist die Ultrakurzwelle besonders für den Funkverkehr zwischen Bodenstation und Flugzeugen geeignet, solange sich diese entsprechend Abb. 68 über der Horizontlinie befinden, also für Entfernungen bis zu einigen Hundert Kilometern. In der zivilen Flugsicherung und im militärischen Luftverkehr sind daher Wellenlängen von einigen Metern in großer Zahl in Betrieb. Trotz des riesigen Frequenzbereichs, der hier verfügbar ist, hat die große Zahl der Anwendungsmöglichkeiten im Lauf von 20 Jahren dazu geführt, daß auch dieses Frequenzgebiet fast völlig belegt ist und manche wichtige Aufgabe der Zukunft, z. B. die automatische Flugsicherung und der Funkverkehr mit Weltraumfahrzeugen, durch das Fehlen geeigneter Frequenzbänder problematisch wird.

Mit fortschreitender Entwicklung der Elektronenröhren konnte in den Jahren 1935—45 auch der Frequenzbereich oberhalb von 300 Millionen Hertz bis etwa 15 Milliarden Hertz (Grenze durch Molekularabsorption) erschlossen werden. Diese Entwicklung wurde besonders durch die militärische Situation der Vorkriegs- und Kriegszeit beschleunigt. Diese Wellen bezeichnet man als Mikrowellen, und ihr Anwendungsgebiet ist im wesentlichen dadurch gekennzeichnet, daß wegen der kleinen Wellenlänge die Verwendung von Antennen mit guter Richtwirkung möglich wird. Das sehr große Frequenzband mit einer Breite von vielen Milliarden Hertz zwischen den genannten Frequenzgrenzen ermöglicht eine Fülle von Anwendungen, die auch eine sehr große Bandbreite haben dürfen. Neben vielen speziellen Verfahren, die militärische Aufgaben und die in Abschnitt VIII behandelten Probleme der Funkortung betreffen, sind zwei Anwendungen hier von allgemeinerem Interesse: Der Frequenzbereich zwischen 450 und 1 Milliarde Hertz (Wellenlänge zwischen 67 und 30 cm) ist zum großen Teil für das Fernsehen vorgesehen und teilweise schon belegt. Allein die Bundesrepublik plant im genannten Frequenzbereich bereits heute 200 Fernsehsender kleiner Reichweite. Die zweite Anwendung ist der Richtfunk, der in verschiedenen Frequenzbereichen mit Mikrowellen schon weitgehend eingerichtet ist.

Der Richtfunk soll zusätzliche Möglichkeiten einer Übertragung von Nachrichten oder Fernsehbildern zwischen festen Orten (Punkt-zu-Punkt-Verkehr) über Entfernungen zwischen 100 km und 2000 km schaffen. Der Bedarf für solche Verbindungen ist sehr groß. Er ist weder durch die bisher betrachteten, niedrigeren Frequenzen, noch durch Verlegen von Kabeln (drahtgebundene Übertragung) voll zu decken. Besonders wichtig ist die Übertragung von Fernsehbildern von den Aufnahmeorten zu den Fernsehsendern, die mit Kabeln über größere Entfernungen überhaupt nicht möglich ist. Man mußte daher im Bereich dieser sehr hohen Frequenzen neue Möglichkeiten einer drahtlosen Übertragung für größere Entfernungen schaffen. Da diese Frequenzen wegen der sehr großen Bodendämpfung nur das in Abb. 62 dargestellte Sendeverfahren zulassen, stellt man Sender und Empfänger in möglichst großer Höhe über dem Erdboden (auf Türmen

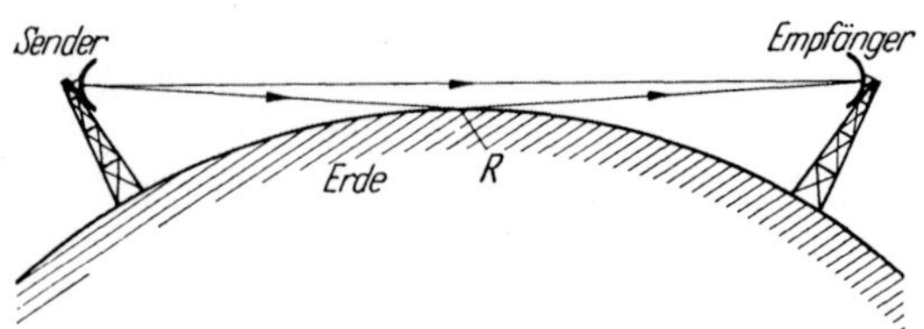

Abb. 73. Richtfunk

oder Bergen) auf und erhält eine drahtlose Übertragung nach dem Schema der Abb. 73, solange zwischen der Sendeantenne und der Empfangsantenne direkte optische Sicht besteht. Man kann so Entfernungen von 50 bis 150 km je nach der Aufstellungshöhe der Antenne überbrücken. Dabei wird fast immer der schon in Abb. 62 angedeutete Fall eintreten, daß ein Teil der Welle am Erdboden reflektiert wird. Die Welle erreicht die Empfangsantenne also auf zwei verschiedenen, in Abb. 73 schematisch angedeuteten Wegen. Da die beiden Wege verschieden lang sind, kommen die beiden Wellen am Empfangsort mit gegenseitigen Zeitverschiebungen an und die Summe beider kann sehr verschieden sein, gegebenenfalls auch sehr klein wie in Abb. 35 d und e. Durch sorgfältige Wahl der Antennenhöhe, wobei die Abnahme der Luftdichte mit wachsender Höhe berücksichtigt wird (Strahlkrümmung; Abb. 68) und auch die Lage des Reflexionspunktes R (Abb. 73) bekannt sein muß, kann man erreichen, daß die Summe der beiden empfangenen Wellen stets günstige Werte wie in Abb. 35 b oder c hat. Die erste Richtfunkverbindung arbeitete 1931 über dem Englischen Kanal zwischen Dover und Calais.

Größere Strecken kann man nur mit Hilfe von Relaisstationen überbrücken, da die Forderung der direkten Sicht zwischen Sender und Empfänger die Reichweite des in Abb. 73 dargestellten Verfahrens begrenzt. Das Prinzip des Relaisverfahrens zeigt Abb. 74a. Vom Sender A zum Empfänger B verläuft alles wie in Abb. 73. Der Empfänger B verstärkt die übertragene Nachricht und gibt sie nach Abb. 74b direkt weiter an den am gleichen Ort befindlichen Sender, der sie über eine eigene Sendeantenne zu einer Station C überträgt. Dieses Verfahren kann man wiederholen und so in Einzelschritten

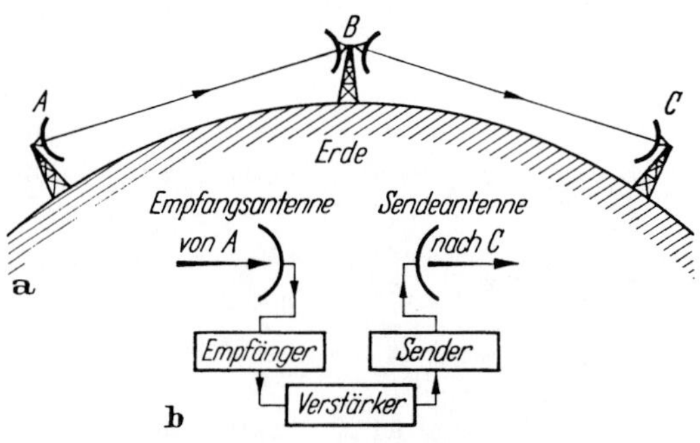

Abb. 74. Relaisverkehr
a: allgemeines Prinzip, b: Aufbau der Relaisstation B

große Entfernungen überbrücken. Das erste große Richtfunknetz baute die deutsche Luftwaffe während des zweiten Weltkrieges in Europa mit Wellenlängen zwischen 50 und 60 cm auf. Dieses Netz reichte zeitweise vom Schwarzen Meer bis nach Brest und Biarritz, von Narvik bis Sizilien und Kreta. Die Gesamtlänge der damals betriebenen Strecken betrug etwa 60000 km. In der Nachkriegszeit wurde eine Richtfunkstrecke zur Übertragung von Fernsehbildern quer über den amerikanischen Kontinent von San Franzisko nach New York mit Anschlußstrecken zu den größeren Städten erstellt. Die Hauptstrecke hatte über 100 Relaisstationen. In USA ist der Richtfunk überhaupt sehr verbreitet, da es dort große Entfernungen in dünn besiedelten Gegenden zu überbrücken gibt. Zum Beispiel die großen Eisenbahnen, die Öl- und Gasfernleitungen und die Elektrizitäts-Fernversorgungsnetze verwenden Richtfunkverbindungen entlang ihrer Linien, um die Überwachung der langen Strecken möglich zu machen. Viele Relaisstationen laufen im automatischen Betrieb ohne Personal in schwer zugänglichen Gebieten, melden Funktionsfehler selbsttätig und schalten sich unter Umständen bei auftretenden Fehlern automatisch auf funktionsfähige Reservegeräte um. Auch in Deutschland wird der Richtfunk seit Kriegsende intensiv weiterentwickelt. Bundespost und Bundesbahn begannen schon 1948, Richtfunk mit nachgelassenen Geräten der früheren deutschen Luftwaffe aufzubauen. Später wurden neue deutsche Richtfunksysteme entwikkelt und in der Bundesrepublik und vielen anderen Ländern installiert, insbesondere das Fernsehübertragungssystem, das alle deutschen Fernsehsender verbindet und gemeinsame deutsche Programme möglich macht. Abb. 75 zeigt den Richtfunkturm einer Relaisstation des deutschen Netzes, durch das außer dem Fernsehbild des deutschen Programms auch noch zahlreiche Telefongespräche übertragen werden. In Westeuropa ist in den letzten Jahren ein größeres Richtfunknetz zur Übertragung von Fernsehbildern ausgebaut worden, das ein gemeinsames Westeuropäisches Programm an alle Fernsehsender zu übertragen gestattet. Fahrbare Richtfunkgeräte übertragen beim Fernsehen die Originalaufnahmen der Fernsehkamera aus Theatern, von Sportplätzen und anderen Stätten zur Fernsehzentrale.

Abb. 75. Richtfunkturm in München (Photo: Deutsche Bundespost)

Nicht immer ist es möglich, ein solches Richtfunknetz aufzubauen, da das Gelände manchmal hierfür ungeeignet ist. Zum Beispiel in den tropischen Wäldern Afrikas und in den großen unbewohnten Wüstengebieten ist die Einrichtung von Relaisstationen fast unmöglich. Auch große Wasserflächen (z. B. das Mittelmeer und die Ozeane) verhindern den Richtfunk über Relaisstationen. Hier hat man die Idee aufgegriffen, die drahtlose Übertragung mit Hilfe von Reflexion möglich zu machen. Die eine Möglichkeit ist die in Abb. 69 in Weg III gezeigte Streustrahlung, die intensiv studiert wurde. Wegen der sehr schwachen Streustrahlung benötigt man Sender mit großer Leistung und sehr große Richtantennen, wenn man einen hinreichend guten Empfang in großer Entfernung haben will. Die erste europäische Verbindung dieser Art wurde 1957 als Verbindung der Telefonnetze von Italien nach Spanien zwischen den Inseln Sardinien und Minorca gebaut. Als Antennen verwendet man dabei Parabolspiegel mit einem Durchmesser von 20 m. In Nordamerika betreibt man solche Anlagen, um eine Funkverbindung zwischen den militärischen Kommandostellen und den in Nordkanada und in der Arktis liegenden Radarwarnstationen herzustellen. Die deutsche Bundespost richtete 1959 ein derartiges Übertragungssystem zwischen Westdeutschland und Berlin ein. Abb. 49 zeigt links am Turm die beiden großen Parabolspiegel (10 m Durchmesser) der Berlin-Verbindung für eine Frequenz von 2 Milliarden Hertz. Erfolgreiche Verbindungen hat man auch in Afrika hergestellt (Kamerun, Kongo). Die größte, mit diesen Streureflexionsverfahren erzielte Reichweite ist zur Zeit etwa 800 km.

Man hat auch versucht, und zwar keinesfalls erfolglos, die in die Erdatmosphäre eindringenden Meteore als streuende Reflektoren zur Übertragung drahtloser Signale zu verwenden. Kleine Meteore sind recht häufig und streuen die Wellen wie in Abb. 69, Weg III, weil der Zusammenstoß des Meteors mit den Partikeln der Atmosphäre eine stark ionisierte, oft sogar leuchtende Bahn hinterläßt. Man kann solche Reflexionsvorgänge auch mit Hilfe künstlicher Gebilde hervorrufen. Im Jahre 1963 wurden mit Hilfe einer Rakete mehrere Millionen kleiner Nadeln aus Kupfer in die hohe Atmosphäre geschossen, um die Streureflexion der Wellen an diesen Nadeln zu verwenden. Man erwartet von diesem Verfahren sehr viel, da es verhältnismäßig billig ist und ein solcher Reflektor möglicherweise eine längere Lebensdauer hat als alle anderen künstlichen Reflektoren. Gegen solche künstlichen Wolken protestieren die Astronomen, da die Gefahr besteht, daß diese Metallteilchen sich über die ganze Atmosphäre verteilen und die radioastronomische Beobachtung des Himmels unterbinden, wenn man diese Versuche in großem Maßstab fortführt. Auch die Schaffung einer künstlichen Ionosphäre ist gelungen. Mit Hilfe einer Rakete wurde eine Kaliumwolke in der hohen Atmosphäre erzeugt, die sehr starke Ionisation zeigte und bereits Frequenzen bis zu 200 Millionen Hertz reflektierte. Der ungeheure Aufwand, den man hier zu betreiben bereit ist, erklärt sich durch das militärische Interesse an diesen Dingen. Es kann wichtig sein, sich jederzeit Übertragungsmöglichkeiten verschiedenster Art zu schaffen, wenn man damit rechnet, daß alle üblichen Möglichkeiten der Nachrichtenübertragung in Kriegszeiten gestört oder zerstört sind.

Bekannt wurde hinsichtlich der Schaffung künstlicher Reflexion in der Atmosphäre ein 1960 mit Raketen hochgeschossener Gummiballon mit metallischer Oberfläche, der als Satellit ein Jahr lang die Erde umkreiste und nach Sonnenuntergang zeitweise mit bloßem Auge sichtbar war. Man untersuchte dabei die Möglichkeit, diesen Satelliten von USA aus anzustrahlen und die an ihm reflektierten Wellen in Europa zu empfangen. Das Ziel dieser Versuche ist die Übertragung von Fernsehbildern von USA nach Europa und umgekehrt. Kabel sind für eine solche Übertragung nicht geeignet, und wegen der hohen Bandbreite des Fernsehens benötigt man Wellen sehr hoher Frequenz. Allerdings ist die Reflexion des Ballons sehr schwach, und man braucht wie bei jeder Streustrahlung große Antennen und hohe Senderleistungen. Schon wesentlich früher wurde versucht, den Mond als Reflektor zu benutzen. Reflexionen des Mondes mißt man derart, daß man kurzzeitige Sendesignale von etwa 1 Hunderttausendstel Sekunde Dauer aussendet. In der darauffolgenden langen Sendepause wird der Empfänger durch den eigenen Sender nicht gestört und kann mit voller Verstärkung auf das Eintreffen der vom Mond reflektierten Welle warten, die etwa 2,5 Sekunden nach dem Aussenden des Signals als Echo zurückkommt. Im März 1946 empfing man in USA das erste Mondecho, dem dann Versuche in vielen Ländern auf den verschiedensten hohen Frequenzen folgten. Das wesentlichste Ergebnis war, daß der Mond als Reflektor zur Übertragung von Nachrichten wenig geeignet ist, weil seine Oberfläche groß und kompliziert ist. Das Echo, das von den verschiedensten Teilen der Mondoberfläche kommt, dauert insgesamt etwa 1 Fünftausendstel Sekunde und ist sehr unregelmäßig während dieser Zeit. Man kann vom Mond bestenfalls etwa 2000 getrennt erkennbare Echos pro Sekunde bekommen und dadurch also höchstens schnelle Telegrafie und kaum ein Telefongespräch übertragen.

Man nennt die vorher betrachteten Reflektoren passiv, weil sie keine eigenen Geräte enthalten und nur reflektieren. Die nächste Entwicklungsstufe sind die aktiven Satelliten, die den Charakter einer Relaisstation nach Abb. 74b besitzen. Sie empfangen die Nachricht, verstärken sie und senden die verstärkte Nachricht wieder aus. Dadurch wird die vom Satelliten ausgehende Welle wesentlich stärker als bei einfacher Reflexion am passiven Satelliten. Ein erster Versuchssatellit wurde in USA im Dezember 1958 gestartet. Er übermittelte auf einer Frequenz von 132 Millionen Hertz eine Weihnachtsbotschaft des Präsidenten EISENHOWER, die von einem mitgeführten Magnetband abgespielt wurde. Die erste erfolgreiche Übertragung von Fernsehbildern durch einen aktiven Satelliten ist im Juli 1962 gelungen. In vielen Ländern werden nunmehr Empfangsstationen für solche Satellitennachrichten gebaut. Neben der Schaffung sehr rauscharmer Empfänger benötigt eine solche Empfangsstation eine sehr große Richtantenne (Spiegel von 20 bis 30 m Durchmesser). Da eine solche Antenne einen sehr kleinen Empfangskegel (Abb. 34) besitzt und der Satellit sich am Himmel bewegt, muß die Richtantenne stets genau auf den Satelliten gerichtet werden und sich dauernd langsam drehen. Diese Nachführung der Antenne hinter dem Satelliten her erfolgt automatisch. Hierzu sendet der Satellit laufend bestimmte Frequenzen aus, die man anpeilt (Abschn. VIII) und mit deren Hilfe man die Antenne in der richtigen Richtung hält. Die Satelliten beziehen den für ihre Geräte benötigten Strom aus mehreren tausend Fotozellen, die an ihrer Oberfläche liegen und das Sonnenlicht in elektrische Energie verwandeln. Es ist jedoch noch nicht bekannt, wie weit die im Weltraum vorhandene energiereiche Strahlung diese Fotozellen im Lauf der Zeit zerstört. Auf jeden Fall erwartet man von dieser Art der Nachrichtenübertragung über große Entfernungen noch sehr viel.

Viele Überlegungen sind angestellt worden, um die zukünftige Entwicklung der drahtlosen Technik zu erkennen. Die Optimisten, die an eine sich noch erheblich ausweitende Technik glauben, vermuten, daß sich in absehbarer Zeit der Telefonieverkehr für Entfernungen bis 1000 km insgesamt verdreifachen wird, aber der Telefonieverkehr über größere Entfernung gegenüber dem heutigen Zustand noch erheblich mehr anwachsen wird. Ferner wird die Übertragung von Fernsehbildern den bisherigen Rahmen des Rundfunks überschreiten und die private Übertragung von Bildern für jedermann möglich sein, wobei sich auch sehr nützliche Anwendungen entwickeln lassen. Dieses Fernsehen würde allerdings den Bedarf an Frequenzband erheblich steigern. Ziemlich sicher ist, daß alle verfügbaren Frequenzen bald voll besetzt sein werden. Da viele Anwendungen nur auf drahtlosem Wege möglich sind (z. B. der Verkehr mit Schiffen, Flugzeugen, Satelliten und Raumfahrzeugen), wird man die verfügbaren Frequenzen weitgehend für diese mobilen Zwecke reservieren müssen, und daher im Lauf der Zeit die Nachrichtenübertragung von Punkt zu Punkt immer mehr zu den geführten Wellen in Kabeln und Rohren (Abschn. IX) verdrängt werden.

Während die bisher betrachteten Anwendungen letztlich stets die Übertragung einer Nachricht von einem Menschen zu einem anderen Menschen beabsichtigen, entwickelt sich eine neue Technik der drahtlosen Übertragung zwischen Menschen und Automaten (im Endzustand sogar zwischen zwei Automaten). Man kann hier zwei Fälle unterscheiden: der Automat kann auf der Senderseite sitzen oder der Automat kann auf der Empfängerseite sitzen. So entstehen die Verfahren der Fernmessung und der Fernsteuerung, die beide auf drahtlosem Wege erfolgen müssen, wenn sich der Automat bewegt. Das älteste Verfahren der drahtlosen Fernmessung ist die Radiosonde der Meteorologen. Man läßt heute regelmäßig Ballons in Höhen bis zu 30 km aufsteigen, die Meßgeräte für Luftdruck, Lufttemperatur und Luftfeuchtigkeit tragen. Die Meßgeräte geben ihre Meßergebnisse als Modulation auf einen mitgeführten kleinen Sender, der elektromagnetische Wellen zu einer Bodenstation sendet, wo der Empfänger aus der Modulation die Meßergebnisse gewinnt. In neuerer Zeit tragen auch Raketen, Satelliten und Raumfahrzeuge Sender, die Meßergebnisse zur Erde übertragen und dadurch unsere Erkenntnisse über die höhere Atmosphäre und über den Raum außerhalb der

Atmosphäre entscheidend erweitert haben. Signale eines unbemannten amerikanischen Raumfahrzeuges wurden mit Hilfe riesiger Parabolspiegel noch aus Entfernungen von mehr als 100 Millionen km empfangen. Die witzigste Anwendung einer Radiosonde ist sicher der Magensender, mit dem die Ärzte die Konzentration der Magensäure eines Patienten messen und über längere Zeit verfolgen. Während man früher dem unglücklichen Patienten durch die Speiseröhre einen Gummischlauch in den Magen schob und die Magenflüssigkeit heraussog, schluckt der glücklichere Patient von heute eine kleine zylindrische Kunststoffpille (1 cm lang, 5 mm dick). Diese Pille enthält einen kompletten Sender. Sie besitzt eine durchlässige Membran, durch die die Magensäure in die Pille eindringt. Die Säure trifft dort einen Widerstand, der sich unter dem Einfluß der Säure ändert und dadurch den Sender der Pille so moduliert, daß man aus der Modulation des Senders die Konzentration der Magensäure erfahren kann. Der Arzt besitzt einen Empfänger, mit dem er den Magensender empfängt und so das Verhalten der Säure des Magens studieren kann.

Bei der Fernsteuerung sendet man Kommandos von der Erde zu unbemannten Schiffen, Flugzeugen, Raketen und Raumfahrzeugen. Der Gedanke der drahtlosen Fernsteuerung taucht erstmalig 1908 in einem österreichischen Patent (Mittels elektrischer Wellen steuerbarer Torpedo) auf. Im ersten Weltkrieg entstand großes Interesse für solche Anwendungen. Man erkannte bald, daß die Fernsteuerung von Luftfahrzeugen noch zu schwierig war, und beschränkte sich auf versuchsweise Fernsteuerung von Schiffen. Der erste ernsthafte Einsatz war 1928 die drahtlose Fernsteuerung des unbemannten Panzerschiffs „Zähringen“ der deutschen Reichsmarine, das als unbemanntes Zielschiff für Artillerieübungen der Reichsmarine lange Jahre in Betrieb war. Das erste ferngelenkte Flugzeug flog in Deutschland 1940. Heute ist bereits die Ozeanüberquerung durch ein automatisches Flugzeug, einschließlich Start und Landung mit Hilfe elektromagnetischer Wellen gelungen. Der zweite Weltkrieg brachte eine Fülle von Versuchen auf dem Gebiet der drahtlosen Fernsteuerung, jedoch noch keine überzeugenden Lösungen. Man begann bereits bei der deutschen V2-Rakete mit teilweiser Fernsteuerung, die dann in den heutigen Weltraumraketen zu einer unvorstellbaren Vollkommenheit unter großem Einsatz elektronischer Rechengeräte gelangte. Nur so erreicht man die hohe Präzision, die die heutige Raketentechnik fordert. Hier sind wir nicht mehr weit von dem Zustand entfernt, daß zwei Automaten miteinander verkehren. Automatische Meßgeräte in der Rakete melden ihre Ergebnisse einem Rechenautomaten auf dem Erdboden, der auf dem Wege der Fernsteuerung wieder die Kommandos für die Rakete gibt. Alle schnellen und komplizierten Vorgänge müssen dabei automatisiert werden, und es verbleibt für den Menschen nur noch das Eingreifen im Notfall, wenn die Automaten versagen. Aber auch dies ist wohl nur eine vorübergehende Aufgabe des Menschen, weil man es im Lauf der Zeit lernen wird, betriebssichere Automaten auch für die hohen Anforderungen der Raketentechnik zu schaffen.

Die Erforschung des Weltalls mit Hilfe von Weltraumfahrzeugen zu ermöglichen, wird wohl die extremste Aufgabe der elektromagnetischen Wellen sein, die das menschliche Gehirn ersinnen kann. Der erste eindrucksvolle Erfolg waren die Bilder von der Rückseite des Mondes, die ein sowjetisches Raumfahrzeug zur Erde funkte. Der zweite große Erfolg war das amerikanische Raumfahrzeug, das im Dezember 1962 nach einem Flug von 109 Tagen in nur 30000 km Abstand an der Venus vorbeiflog, dessen Meßgeräte zu diesem Zeitpunkt über eine Entfernung von 60 Millionen km von der Erde aus durch Fernsteuerung eingeschaltet wurden und das 42 Minuten lang Meßwerte zur Erde zurücksandte. Irgendwann wird man sicher erreichen, daß auf dem Mond ein automatischer Sender mit automatischen Meßgeräten steht und uns Informationen über Vorgänge auf der Mondoberfläche vermittelt.

VIII. Funkortung

Die Funkortung befaßt sich mit der Aufgabe, den Ort eines Objektes mit Hilfe elektromagnetischer Wellen festzustellen. In den weitaus meisten Fällen handelt es sich dabei um die Feststellung des Ortes eines sich bewegenden Objektes (Schiff, Flugzeug, Rakete, Regenwolken). Im folgenden wird das Flugzeug als Beispiel verwendet, doch sind diese Überlegungen in gleicher

Weise auch für alle anderen Objekte gültig. Hierzu gibt es zwei Möglichkeiten: Entweder sendet das zu messende Objekt elektromagnetische Wellen aus, und ein Beobachtungsempfänger, der sich an einem festen und bekannten Ort befindet, stellt durch Untersuchung der empfangenen Welle den Ort dieses Sender fest („Fremdortung"). Oder ein Sender, der sich an einem festen und bekannten Ort befindet, sendet Wellen aus, und der Empfänger befindet sich im Flugzeug, das seinen eigenen Ort bestimmt („Eigenortung"). Man kann auch diese beiden Verfahren kombinieren. Durch hinreichend viele, aufeinanderfolgende Messungen wird der vom bewegten Flugzeug zurückgelegte Weg festgestellt, wobei sich auch die Richtung und die Geschwindigkeit der Bewegung ergibt. Aus diesen Daten kann man den zukünftigen Weg des Flugzeugs berechnen unter der Annahme, daß sich Richtung und Geschwindigkeit der Bewegung für eine gewisse Zeit nicht ändern. In der Anwendung unterscheidet man hierbei die Aufgaben der Navigation, der Kollisionssicherung und der Kollisionserzeugung. Das Flugzeug hat zunächst die Aufgabe, ein bestimmtes Ziel auf einem vorgeschriebenen Weg zu erreichen. Durch laufende Ortsbestimmung und Vorausberechnung des zukünftigen Weges kontrolliert man, ob der vorgeschriebene Weg wirklich durchflogen wird. Dies ist die Aufgabe der „Navigation". Wenn sich mehrere Flugzeuge gleichzeitig in der Luft befinden, muß man eine Kollision dieser Flugzeuge verhindern. Hierzu muß die Bewegung aller beteiligten Flugzeuge verfolgt und durch Vorausberechnung ihres zukünftigen Weges kontrolliert werden, ob zwei Flugzeuge sich an irgendeinem Punkt ihrer Wege sehr nahe kommen werden. Dies nennt man „Kollisionssicherung". Man kann dann durch Befehle die Wege der Flugzeuge ändern, um einen Navigationsfehler oder eine Kollisionsmöglichkeit zu korrigieren. Man kann aber auch erreichen wollen, daß eine Kollision entsteht, wenn man z. B. ein Jagdflugzeug oder eine Abwehrrakete an einen feindlichen Bomber heranführen will. Die große Zahl dieser Aufgaben und die große Zahl der möglichen Verfahren hat zu einer auch für den Fachmann unübersehbaren Fülle verschiedener Lösungen geführt, deren Beschreibung dicke Bücher füllt. Es soll daher hier lediglich versucht werden, einige grundlegende Betrachtungen anzustellen.

Man begreift die verschiedenen Verfahren der Funkortung am einfachsten, wenn man untersucht, welche Eigenschaften einer elektromagnetischen Welle man mit Hilfe der Empfangsantenne und des Empfängers überhaupt messen kann. Mit Hilfe einer Antenne kann man feststellen, welche Richtung die magnetische Feldstärke und die elektrische Feldstärke am Empfangsort haben. Dies läßt nach Abb. 15 unten die Richtung erkennen, aus der die Welle kommt, weil die Ausbreitungsrichtung senkrecht zur elektrischen und zur magnetischen Feldstärke steht. Solange die Welle als Bodenwelle nach Abb. 65 oder als freie Welle nach Abb. 62 ankommt, zeigt die gemessene Richtung der Wellenausbreitung diejenige Richtung an, in der der Sender liegt, von dem die Welle kommt. Wenn die Welle jedoch auf ihrem Wege reflektiert wird (z. B. in Abb. 66 an der Ionosphäre), so mißt man die Richtung, aus der die reflektierte Welle kommt und bestimmt dadurch den Ort des Reflexionspunktes. Eine Ortungsmethode, bei der nur Richtungen festgestellt werden, wird als „Peilung" bezeichnet. Als zweite Eigenschaft kann man die Frequenz der ankommenden Welle messen. Dies ist stets wichtig, um den Sender der gemessenen Welle zu identifizieren. Da stets viele Sender gleichzeitig in Betrieb sind, kann man mit Hilfe einer Frequenzmessung denjenigen Sender, dessen Richtung man messen will, von den vielen anderen unterscheiden. Wenn sich der Sender oder der Empfänger bewegt und sich während der Messung der Abstand zwischen Sender und Empfänger ändert, tritt der „Dopplereffekt" auf, der später noch näher erläutert wird. Dann ist die empfangene Frequenz etwas verschoben gegenüber der gesendeten Frequenz, und aus dieser Frequenzverschiebung kann man die Geschwindigkeit berechnen, mit der sich der Abstand zwischen Sender und Empfänger ändert. Als dritte Eigenschaft kann man die Amplitude der empfangenen Welle messen. Die Amplitude ist einerseits abhängig von der Entfernung zwischen Sender und Empfänger und gibt daher gewisse, wenn auch ungenaue Informationen über diese Entfernung. Wenn der Sender eine Richtantenne mit guter Bündelung verwendet, kann man durch eine Amplitudenmessung unterscheiden, ob sich die Empfangsantenne innerhalb oder außerhalb des Strahlungskegels (Abb. 34) der Sendeantenne befindet. Man wird auch die Modulation der empfangenen Welle prüfen und erhält dadurch eine weitere Möglichkeit, den gewünschten Sender von anderen Sendern zu unterscheiden. Die Modulation kann aber auch für Zeitmessungen verwendet werden. Wenn man die Modulation des Senders genau kennt, kann man die Zeit messen, die zwischen dem Aussenden des modulierten Signals und dem Empfang des Signals liegt. Diese Zeit nennt man die Laufzeit des Signals im Raum. Da sich die Wellen mit Lichtgeschwindigkeit ausbreiten, trifft das Signal mit wachsendem Abstand zwischen Sender und Empfänger immer später ein. Das Produkt der gemessenen Laufzeit und der Lichtgeschwindigkeit ist gleich der Länge des von der Welle zwischen Sender und Empfänger zurückgelegten Weges.

Die genannten Möglichkeiten sollen nun an einfachen Beispielen erläutert werden. Die älteste und bekannteste Möglichkeit, die Richtung der magnetischen Feldlinien zu messen, gibt die Rahmenantenne (Abb. 50). Sie gibt maximalen Empfang, wenn der Rahmen in die Richtung zum Sender, d. h. in die Richtung der ankommenden Welle zeigt. Da nach Abb. 15 die Richtung der magnetischen Feldstärke senkrecht auf der Ausbreitungsrichtung steht, tritt dann die magnetische Feldstärke senkrecht durch die Rahmenfläche hindurch und ergibt maximale Induktionswirkung. Dreht man die Rahmenantenne um eine senkrechte Achse (senkrechter Stab in Abb. 51) aus dieser optimalen Lage heraus, so wird der Empfang schwächer, weil weniger magnetisches Feld durch die Rahmenfläche hindurchtritt. Dreht man den Rahmen in die Richtung der magnetischen Feldlinien, also senkrecht zu der in Abb. 50 gezeichneten, optimalen Position, so tritt das magnetische Feld nicht mehr durch den Rahmen hindurch und man empfängt nichts mehr. Durch Drehen des Rahmens kann man also die Stärke des Empfangs ändern und dadurch die Richtung des magnetischen Feldes der Welle feststellen, also auch die Richtung, in der der „angepeilte“ Sender liegt. Abb. 76 zeigt den Peilrahmen des früheren deutschen Dampfers „Bremen“. Es gibt auch drehbare Rahmen, die durch einen Motor gedreht werden und die Richtung des angepeilten Senders automatisch laufend zur Anzeige bringen. Da eine solche Anordnung ähnliche Richtungsanzeige gibt wie ein Kompaß, nennt man sie oft auch einen „Radiokompaß“. Der einzige Unterschied des Verhaltens zwischen dem bekannten Magnetkompaß und dem Radiokompaß ist, daß sich der Magnetkompaß nach dem magnetischen Nordpol der Erde ausrichtet, während sich der Radiokompaß in die Richtung des angepeilten Senders einstellt. Peilung mit drehbaren Rahmenantennen konnte wegen der verhältnismäßig schlechten Empfangseigenschaften der hierbei zu verwendenden kleinen Rahmen erst dann erfolgreich sein, als 1913

Abb. 76. Rahmenpeiler des Dampfers „Bremen" (Werkphoto Telefunken)

der Rahmen mit mehreren Windungen und bald darauf der Röhrenverstärker erfunden wurde. Bereits im ersten Weltkrieg wurden mit Drehrahmen feindliche Sendestationen angepeilt, und 1918 konnte man von Deutschland aus schon Sender in Amerika anpeilen. Kurz nach dem ersten Weltkrieg begann man, auch Schiffe mit Peilantennen auszurüsten. Auf Schiffen ist die Peilung ein besonderes Problem, weil die Metallteile des Schiffes die Wellen durch Reflexionen wie in Abb. 7 und durch Mitschwingen der eisernen Masten wie beim Hilfsdipol in Abb. 55 stören. In der Luftfahrt trat die Notwendigkeit von Peilungen zuerst in Deutschland durch die Fernflüge der Zeppeline auf und führte zu zahlreichen Spezialentwicklungen.

Im Prinzip kann man jeden Sender anpeilen. Da jedoch die normalen Nachrichtensender unregelmäßige Sendezeiten haben, hat man für Peilzwecke besondere Sender gebaut, die man Funkfeuer nennt. Dieses an sich unverständliche Wort hat folgenden Ursprung: Zur Navigation auf dem Wasser (und anfangs auch im Luftverkehr) dienen bei Nacht die bekannten Leuchtfeuer, die optisch sichtbar sind und den Schiffen den Weg zeigen. Durch Abwandlung des Wortes „Leuchtfeuer" erhielten die Peilsender den Namen „Funkfeuer". Es gibt wie bei den Leuchtfeuern Kreisfunkfeuer, die nach allen Richtungen senden. Es gibt Richtfunkfeuer, die nur in bestimmte Richtungen senden, also nur dann angepeilt werden können, wenn man sich im Sendekegel (Abb. 34) der Sendeantenne befindet. Es gibt Drehfunkfeuer, bei denen die Richtantenne des Senders um eine senkrechte Achse rotiert (wie der Scheinwerfer vieler Leuchttürme), so daß der Sender nur empfangen werden kann, wenn der Sendekegel der Richtantenne des Senders beim Rotieren zum peilenden Schiff hinzeigt. Man gibt diesen Funkfeuern auch eine charakteristische Modulation, woran man die verschiedenen Sender unterscheiden kann. Peilverfahren verschiedenster Art sind heute das Fundament aller Navigation auf dem Wasser und in der Luft. Jeder, der einmal erlebt hat, wie ein Flugzeug Tausende von Kilometern über den Wolken fliegt, dann durch die Wolkendecke hindurchstößt, um genau am richtigen Ort zu landen, muß von den Möglichkeiten dieser Navigation mit elektromagnetischen Wellen beeindruckt sein. Das Anpeilen eines Schiffes, das den Seenotruf SOS sendet, ermöglicht den zur Hilfe eilenden Schiffen oder Flugzeugen das Auffinden des sinkenden Schiffes und rettete bereits vielen Menschen das Leben. Eine besondere Aufgabe, an der noch gearbeitet wird, ist es, die Rettungsboote und Rettungsflöße mit wasserfesten Kleinsendern auszurüsten, um die Peilung auch nach dem Sinken eines Schiffes oder eines notgelandeten Flugzeugs fortsetzen zu können. Oft sind die Retter dicht an den im Wasser treibenden Schiffbrüchigen vorbeigefahren, ohne sie zu finden. Eine weitere interessante Anwendung der Peilung auf See trifft man bei den Walfängern. Das Walfangmutterschiff schickt Fangboote aus, die die gefangenen Wale auf der Wasseroberfläche treibend hinterlassen und sie mit einem kleinen Sender nebst Antenne versehen

(Funkboje). Das Mutterboot peilt den gefangenen Wal an und findet ihn dadurch leichter und mit großer Sicherheit. Abb. 77 zeigt einen erlegten Wal mit Sender, Antenne und Markierungsflagge.

Wenn man bei sehr hohen Frequenzen peilen will, verwendet man als Empfangsantenne eine Richtantenne mit sehr guter Bündelung, d. h. kleinem Empfangskegel (Abb. 34). Man dreht die

Abb. 77. Erlegter Wal mit selbsttätigem Sender (Werkphoto Telefunken)

Richtantenne, die oft ein großer Parabolspiegel ist, in die Richtung maximalen Empfangs, also so, daß der zu peilende Sender in der Mitte des Empfangskegels liegt. Beim Anpeilen von Flugzeugen, Raketen, Satelliten und Raumfahrzeugen, bei denen der Sender nicht nur in beliebiger Himmelsrichtung, sondern vom Boden aus gesehen schräg nach oben angepeilt werden muß, muß die peilende Richtantenne auch vertikal drehbar sein. Abb. 82 zeigt die Richtantenne eines deutschen Radargerätes der Luftabwehr aus dem letzten Weltkrieg. Es sind in den letzten Jahren in vielen Ländern sehr große Antennen dieser Art gebaut worden, die teils für die Radioastronomie, teils für die Verfolgung von Satelliten dienen. Abb. 78 zeigt die deutsche radioastronomische Station in der Eifel.

Abb. 78. Deutscher Spiegel für radioastonomische Messungen; Spiegeldurchmesser 25 m (Werkphoto Telefunken)

In England steht seit 1956 ein nach allen Richtungen drehbarer Riesenspiegel mit einem Durchmesser von 76 m. Ein allseitig drehbarer Spiegel von 180 m Durchmesser ist in USA im Bau und ein Spiegel von 300 m Durchmesser ist fest in eine Höhlung des Erdbodens eingebaut worden.

Die Radioastronomie hat sich in wenigen Jahrzehnten zu einem sehr erfolgreichen Teilgebiet der Astronomie entwickelt. Ebenso wie aus dem Weltraum das sichtbare Licht der Sterne zu uns kommt und seit langem von den Astronomen studiert wird, so gibt es im Weltraum auch elektromagnetische Strahlung niedrigerer Frequenz, die von Sternen oder anderer Materie ausgesandt wird. Mit hinreichend großen und scharf bündelnden Richtantennen kann man die Richtung bestimmen, aus der die Strahlung kommt. Mit Empfängern extrem hochgezüchteter Qualität lassen sich auch schwache Wellen noch konstatieren, und man kann ihre Frequenz messen. Die Existenz elektromagnetischer Wellen niedrigerer Frequenz im Weltraum wurde 1931 von JANSKI bei Wellenlängen von einigen Metern bewiesen. Mit Hilfe der Radargeräte wurde im letzten Weltkrieg zufällig entdeckt, daß auch die Sonne elektromagnetische Wellen gut meßbarer Stärke in einem großen Frequenzbereich aussendet. Nach dem Weltkrieg konnte diese Forschung mit den inzwischen sehr vollkommen gewordenen Hilfsmitteln der Antennen- und Empfangstechnik erfolgreich fortgesetzt werden. Die Wellenlängen der beobachtbaren Wellen liegen etwa zwischen 2 cm und 20 m, weil höhere Frequenzen durch die Atmosphäre absorbiert und niedrigere Frequenzen von der Ionosphäre nicht durchgelassen werden. Mit Riesenantennen wie in Abb. 78 oder vielen kleineren Parabolspiegeln nebeneinander hat man extreme Richtwirkung erzeugt, so daß man sehr genaue Richtungsmessungen machen kann (Genauigkeit etwa 1 Winkelminute). Man kennt heute bereits tausende von „Radiosternen", die elektromagnetische Wellen aussenden und oft sogar unsichtbar sind, also im Bereich des sichtbaren Lichts nicht strahlen. Da Lichtstrahlen im Weltraum teilweise durch den interstellaren Staub absorbiert werden, die Wellen niedrigerer Frequenz aber nicht, kann man mit den Mitteln der Radioastronomie Objekte finden, deren Licht uns nicht erreicht. Besonders interessant ist die Strahlung der Sonne, die neben einer dauernd vorhandenen Wärmestrahlung in Zeiten erhöhter Sonnenaktivität (Sonnenflecken) unregelmäßige Strahlung hoher Intensität sendet. Diese Messungen werden unsere Kenntnisse über die Vorgänge in den Sternen sicherlich erheblich erweitern, sobald die theoretische Erklärung dieser Erscheinungen vollständig gelungen ist.

Neben den nahezu punktförmigen Radiosternen mißt man eine allgemeine Strahlung aus mehr oder weniger undefinierter Richtung, die man der im Weltraum überall verteilten Materie zuschreibt. Der bedeutsamste Fortschritt war 1951 die Entdeckung

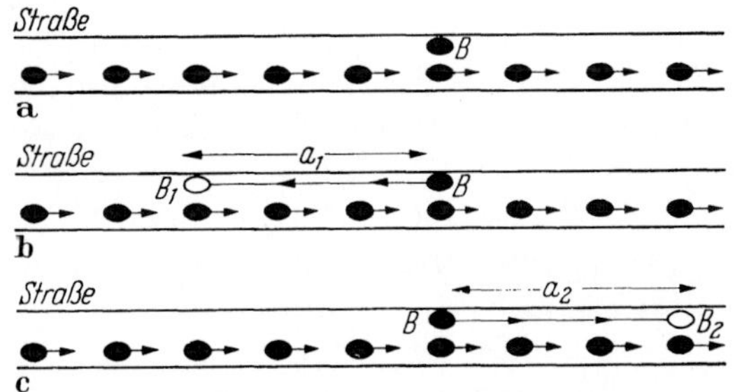

Abb. 79. Zur Erläuterung des Dopplereffektes

der monochromatischen Strahlung des interstellaren Wasserstoffgases auf der Frequenz 1420 Millionen Hertz (Wellenlänge 21,2 cm). Durch Beobachtungen auf dieser Frequenz erforscht man die Verteilung des Wasserstoffs in unserem Milchstraßensystem und hat durch Messung des Dopplereffektes dieser „Spektrallinie" bereits nachgewiesen, daß unsere eigene Milchstraße ein Spiralnebel ist, was wir rein optisch nicht erkennen können, weil wir uns mitten in diesem System befinden.

Der bereits mehrfach erwähnte Dopplereffekt soll nun an einem sehr einfachen Beispiel erläutert werden. In Abb. 79 fahren auf einer Straße viele Kraftwagen (schwarze Ellipsen mit Pfeil) mit gleichbleibender Geschwindigkeit in gleichem Abstand. In Abb. 79a zählt ein in einem stehenden Kraftwagen B sitzender Beobachter die Anzahl der an ihm während eines bestimmten Zeitraums vorbeifahrenden Kraftwagen. In Abb. 79b fährt der Kraftwagen B mit dem Beobachter den anderen Kraftwagen entgegen und legt in dem Zeitraum der Zählung die Strecke a_1 zurück, erreicht also zum Schluß die Position B_1. Die Anzahl der an ihm vorbeifahrenden, gezählten Kraftwagen ist dann *größer* als im Fall der Abb. 79a, weil der Beobachter zusätzlich noch diejenigen Kraftwagen mitzählt, die sich am Ende der Zählzeit auf der von ihm durchfahrenen Strecke a_1 befinden. Denn diese waren am Ende der Zählzeit noch nicht am stehenden Beobachter B in Abb. 79a vorbeigefahren. In Abb. 79c fährt der Beobachter in der gleichen Richtung wie die zu zählenden Kraftfahrzeuge, jedoch langsamer als diese. Der Beobachter durchfährt während der Zählzeit die Strecke a_2, erreicht also zum Schluß die Position B_2. Er zählt dann *weniger* Kraftfahrzeuge als der stehende Beobachter in Abb. 79a; denn er zählt im Vergleich zum stehenden Beobachter diejenigen Fahrzeuge nicht mit, die sich am Ende der Zählzeit auf der von ihm zurückgelegten Strecke a_2 befinden. Überträgt man dies auf elektromagnetische Wellen, so stellen die Kraftfahrzeuge die einzelnen Wellenzüge der Welle dar, die sich zum Beobachter (Empfänger) hin bewegen. Die Anzahl der pro Sekunde am Beobachter vorbeilaufenden Wellenzüge ist die vom Empfänger gemessene Frequenz der Welle. Bewegt sich der Empfänger wie in Abb. 79b gegen die Bewegungsrichtung der ankommenden Welle, so zählt er den Durchgang einer größeren Anzahl von Wellenzügen als der ruhende Empfänger. Er mißt also eine höhere Frequenz als der ruhende Empfänger. Bewegt sich der Empfänger wie in Abb. 79c in gleicher Richtung wie die ankommende Welle, so laufen an ihm pro Sekunde weniger Wellenzüge vorbei, und es wird eine kleinere Frequenz gemessen. Die gleiche Wirkung tritt auf, wenn der Empfänger an einem unveränderten Ort steht, sich dagegen die Quelle bewegt, aus der die Welle stammt. Nähert sich die Quelle (Sendeantenne) dem Empfänger, so ist die empfangene Frequenz höher als in dem Fall, in dem der Sender konstanten Abstand zum Empfänger hat. Entfernt sich die Quelle vom Empfänger, so ist die empfangene Frequenz niedriger.

Kennt man die wirkliche Frequenz im Fall beidseitiger Ruhe und die gemessene Frequenz im Fall der Bewegung, so kann man daraus die Geschwindigkeit berechnen, mit der sich Quelle und Empfänger einander nähern. Der Mathematiker Doppler sprach diesen nach ihm benannten Effekt im Jahre 1842 allgemein für Wellen aus. 1845 wurde der Effekt für akustische Wellen erstmalig experimentell bewiesen. Der akustische Dopplereffekt kann von jedem Autofahrer oft beobachtet werden. Wenn man an einem entgegenkommenden Kraftwagen vorbeifährt und der Entgegenkommende während der Vorbeifahrt langdauernd hupt, so hört man das fremde Hupen mit höherem Ton, solange sich der Entgegenkommende nähert, und einen tieferen Ton des Hupens, wenn sich der Entgegenkommende nach dem Vorbeifahren wieder entfernt. Im Moment des Vorbeifahrens sinkt der Hupenton deutlich ab. Der Dopplereffekt ist bei elektromagnetischen Wellen wegen der großen Geschwindigkeit der Wellen nur dann deutlich meßbar, wenn sich der Sender oder der Empfänger schnell bewegt, sich also in einem Flugzeug, einer Rakete oder einem Satelliten befindet. Man kann dann die Geschwindigkeit messen, mit der sich der Abstand zwischen Sender und Empfänger ändert (sog. „radiale Geschwindigkeitskomponente"). In der Radioastronomie hängt die Frequenz der erwähnten Spektrallinie des Wasserstoffs ab von der Geschwindigkeit, mit der sich die betreffende Wasserstoffwolke gegenüber der Erde bewegt. Untersucht man den Dopplereffekt des Wasserstoffs im ganzen Raum der Milchstraße, so findet man eine systematische Verteilung der Geschwindigkeit der Wasserstoffwolken wie in einem Spiralnebel mit mehreren Armen. Durch solche Messungen kann man also die Struktur unseres eigenen Milchstraßensystems erforschen. Zweifellos eine bedeutende wissenschaftliche Möglichkeit.

Einige weitere Beispiele sollen zeigen, wie man mit Hilfe elektromagnetischer Wellen Entfernungen mißt und welche umfangreichen Möglichkeiten dadurch entstehen. Die Entfernungsmessung erfolgt stets so, daß der Sender ein in seinem zeitlichen Ablauf exakt definiertes Signal sendet und daß der Empfänger feststellen kann, mit welcher zeitlichen Verspätung dieses Signal bei ihm eintrifft. Es wurde schon gezeigt, daß man aus dieser zeitlichen Verspätung und der bekannten Geschwindigkeit der Wellen den Abstand zwischen Sender und Empfänger berechnen kann. Da es sich hier um sehr kleine Zeitdifferenzen handelt (z. B. 300 km Weg ergibt 1 Tausendstel Sekunde), muß dem Empfänger auf irgendeine Weise sehr genau bekannt gegeben werden, wann der Sender sein Signal sendet. Die beiden bekanntesten Verfahren sind die Mehrwegmessung und die Echomessung. Beide sollen in je einem Beispiel erläutert werden.

In Abb. 80 sendet ein Sender A ein Signal sehr kurzer Dauer (Impuls). Dieses Signal wird im Flugzeug empfangen. Das Signal wird aber auch von einem Empfänger an einem Ort B empfangen. Das empfangene Signal veranlaßt einen ebenfalls in B befindlichen Sender, sofort einen Impuls auszusenden. Auch dieser zweite Impuls wird vom Flugzeug empfangen. Da der erste Impuls den direkten Weg von A zum Flugzeug, der andere Impuls den Weg von A über B zum Flugzeug zurücklegt, treffen sie zu verschiedenen Zeiten im Flugzeug ein und man kann dort die Zeitdifferenz zwischen beiden Impulsen messen. Aus dieser Zeitdifferenz ergibt sich nach mathematischen Gesetzen, daß sich das Flugzeug auf einer bestimmten Hyperbel I befindet. Die Orte A und B sind die Brennpunkte der Hyperbel. Man benötigt ferner einen Sender C und einen Hilfssender D. C sendet ebenfalls einen Impuls direkt und den gleichen Impuls auf dem Umweg über den Sender D zum Flugzeug. Das Flugzeug mißt auch die Zeitdifferenz dieser beiden Impulse und weiß dann, daß es sich auf einer bestimmten Hyperbel II befindet. Die Brennpunkte dieser Hyperbel sind die Orte C und D. Das Flugzeug besitzt eine Landkarte mit diesen Hyperbeln und kann seinen eigenen Ort auf dieser Landkarte als Schnittpunkt der durch Messung bestimmten Hyperbeln I und II finden. Dieses „Hyperbelverfahren“ wurde von den Amerikanern im letzten Weltkrieg entwickelt und in den Jahren 1943 bis 1945 auf allen Kriegsschauplätzen installiert (Nordatlantik, Europa, Pazifik und Ostasien). So wurde eine sehr genaue Navigation für Flugzeuge und Schiffe in diesen Gebieten möglich. Die vier Sender für Europa standen in Schottland und Nordafrika. Sie dienten vor allem den Bombern bei ihren Flügen über Deutschland und gestatteten überall eine Ortsbestimmung mit einer Ge-

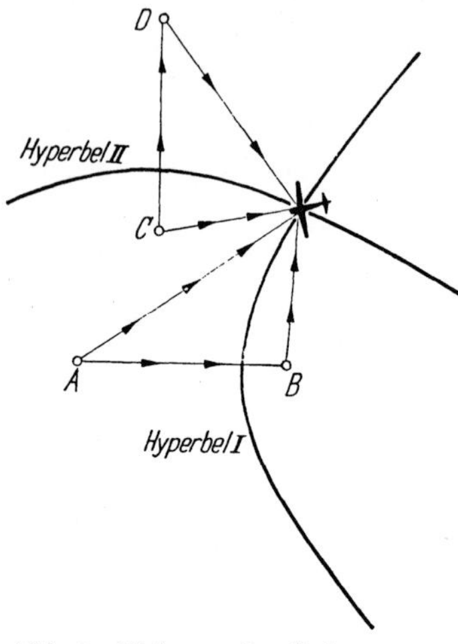

Abb. 80. Mehrweg-Laufzeitmessung

nauigkeit von 10 km. Die Tätigkeit dieser Station blieb in Deutschlang verhältnismäßig lange unbekannt, so daß diese Navigation ungestört verlief. Erst durch Auffinden eines Empfängers in einem abgestürzten Flugzeug wurde das Verfahren bekannt, und die Lage der Sender konnte durch Peilung bestimmt werden. Heute sind die wesentlichen Teile der Erde mit solchen Stationen versehen. Viele Schiffe und vor allem die Luftfahrt über den Ozeanen benutzen diese Orientierungsmethode unter Verwendung leicht ablesbarer, automatisch messender Geräte.

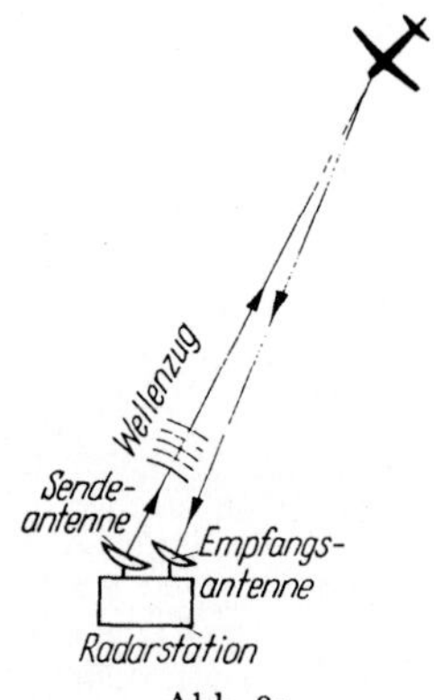

Abb. 81. Radar-Echoverfahren

Bei der Echomethode (Radarverfahren) nach Abb. 81 steht der Sender unmittelbar neben dem Empfänger. Der Sender, der auf der Erde steht, sendet einen Impuls aus, der vom Empfänger sofort empfangen wird. Der gesendete Impuls stellt einen kurzen Wellenzug dar (vergleichbar mit einem Lichtblitz oder einem Knall bei akustischen Wellen), der in Abb. 81 schematisch angedeutet ist. Der Wellenzug läuft in den Raum und trifft das Flugzeug. Wenn das Flugzeug einen geeigneten Empfänger hat, empfängt dieser den Impuls und veranlaßt den zugehörigen Flugzeugsender, seinerseits sofort einen Impuls zu senden, der vom Empfänger auf der Erde empfangen wird. Der Empfänger mißt die Zeitdifferenz zwischen dem vom eigenen Sender direkt empfangenen Impuls und dem vom Flugzeug kommenden Impuls. Multipliziert man die gemessene Zeitdifferenz mit der Lichtgeschwindigkeit, so erhält man die doppelte Entfernung des Flugzeuges von der Radarstation (doppelte Entfernung, weil die Welle zum Flugzeug hin und wieder zurücklaufen muß). Man kann dem vom Flugzeug zur Radarstation gesendeten Impuls auch eine besondere Form geben oder vom Flugzeug aus mehrere Impulse hintereinander in bestimmten Zeitabständen senden, so daß diese Impulse auch noch eine Nachricht enthalten, z. B. den Namen des Flugzeugs, damit das Radargerät das gemessene Flugzeug identifizieren kann. Falls das Flugzeug keine geeignete Empfangseinrichtung hat oder falls in Kriegszeiten ein feindliches Flugzeug keinen

Wert auf eine solche Messung legt, verwendet man am Boden einen Sender mit sehr großer Leistung. Die dadurch erzeugte kräftige Welle wird dann an den Metallteilen des Flugzeugs reflektiert und kommt als Echo zum Empfänger zurück. Der Empfänger mißt wie vorher den zeitlichen Abstand dieses Echos von dem direkt

Abb. 82. Deutsches Radargerät aus dem zweiten Weltkrieg (Werkphoto Telefunken)

empfangenen Impuls des danebenstehenden Senders. Dieses Verfahren wurde vor dem letzten Weltkrieg in England und Deutschland entwickelt, und viele Radarstationen zum Zwecke der Luftverteidigung aufgebaut. Abb. 82 zeigt eine deutsche Radarstation der Luftabwehr aus dem zweiten Weltkrieg mit einer Frequenz von 560 Millionen Hertz. Der Parabolspiegel als Richtantenne ließ sich in alle Richtungen drehen und wurde auf das Flugzeug gerichtet, um auch die Richtung festzustellen, in der sich das Flugzeug befand.

Die Erfolge, die mit Radargeräten erzielt wurden, ließen bald die kriegsentscheidende Bedeutung dieser Technik auf dem westlichen Kriegsschauplatz erkennen, zumal diese Wellen die Wolken durchdringen und die Ortsbestimmung unabhängig vom Wetter wurde. Auf allen Seiten setzte daher im Lauf des Krieges die Erforschung und Verbesserung dieser Technik mit größtem Nachdruck ein. Hierbei war es unvermeidlich, daß die Engländer und Amerikaner wegen ihrer besseren Planung, der größeren Zahl ausgebildeter Fachleute und der durch Bombenangriffe nur wenig gestörten Arbeitsstätten einen Vorsprung erreichten. Sie erschlossen das Gebiet der höchsten Frequenzen für die Radartechnik. Dadurch wurden die Richtantennen kleiner und die Radargeräte einfacher. Da die Engländer und Amerikaner außerdem größere Flugzeuge als die Deutschen hatten, konnten sie erstmalig Radargeräte in ihre Flugzeuge einbauen und auch vom Flugzeug aus Richtung und Entfernung reflektierender Gegenstände bei jedem Wetter messen. Sie konnten durch die Wolken hindurch Schiffe auf dem Meer entdecken, durch die Wolken hindurch angreifen und so die deutsche Kriegsflotte ohne jede Gegenwehr lahmlegen. Sie konnten auch reflektierende Gebäude am Erdboden feststellen und mit Hilfe der genauen Ortsmessung zielsicher bei jedem Wetter bombardieren. Eine bemerkenswerte und wenig bekannte militärische Anwendung des Radars ist der Annäherungszünder, der ebenfalls im zweiten Weltkrieg entwickelt wurde: Ein in eine Granate oder Rakete eingebautes Kleinstradargerät mißt den Abstand des Geschosses von seinem Ziel (z.B. feindliches Flugzeug oder Erdboden) und bringt das Geschoß zur Explosion, wenn sich das Geschoß seinem Ziel auf einen vorgeschriebenen Abstand genähert hat.

Die Vollendung der Radartechnik war das sogenannte Rundsuchgerät. Bei diesem rotiert die Antenne dauernd um eine senkrechte Achse. Der Radarempfänger stellt dadurch mit Hilfe der empfangenen Echos laufend alle in einem großen Umkreis vorhandenen, reflektierenden Gegenstände fest und erfährt aus der jeweiligen Stellung der Richtantenne die Richtung, aus der die Echos kommen und in der der reflektierende Gegenstand liegt. Die Entfernung jedes dieser Gegenstände wird wie vorher aus der Laufzeit der Echos auf elektronischem Wege sofort berechnet. Es ist heute kein besonderes Problem, in jeder Sekunde 1000 solcher Echos vollständig auszuwerten. Mit Hilfe elektronischer Vorrichtungen zeichnet man diese Echos auf den Schirm einer Bildröhre (wie ein Fernsehbild) und erhält eine „elektronische“

Landkarte, auf der alle gemessenen Echos am richtigen Ort dieser Karte zu finden sind. Nach dieser Landkarte flogen die Bomber des letzten Krieges bei Nacht und bei jedem Wetter über Feindes-

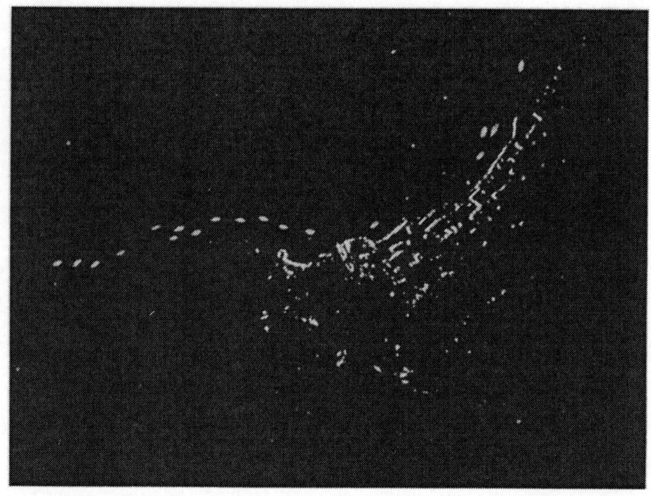

a

Nordsee

Schiffe

Uferlinie

Radarstation

Altenbruch

Schiffe

Kugelbake

Stadt Cuxhaven

Duhnen

Altenwalde

Uferlinie

b

Abb. 83. Elektronische Landkarte der Elbmündung bei Cuxhaven mit 18 Schiffen; darunter die entsprechende Landkarte (Aus dem Buch: Meinke-Groll, Radar; Reclam-Universal-Bibliothek No. 8824/25)

land und fanden ihre Ziele. Aber auch die Luftabwehr konnte mit solchem Rundsuchradar alle anfliegenden Bomber auf der Landkarte sehen. Dieses Verfahren hat nach dem Krieg erhebliche Bedeutung auch im zivilen Bereich gefunden. Schiffe stellen mit Hilfe dieses Radars den Ort anderer Schiffe, von Inseln und Küstenlinien fest. Radargeräte, die an Land in der Nähe einer Hafeneinfahrt stehen, zeichnen die Echos der einfahrenden und ausfahrenden Schiffe auf und ordnen durch drahtlosen Telefonverkehr mit den Schiffen den Schiffsverkehr in diesen meist engen und gefährlichen Gewässern (Abb. 83). Die zivile Flugsicherung stellt mit dem Rundsuchradar den Ort aller im Umkreis von etwa 300 km fliegenden Flugzeuge fest und regelt mit diesem Hilfsmittel den Luftverkehr in den dicht beflogenen Gebieten, insbesondere in der Umgebung der großen Flughäfen. Abb. 84 zeigt die rotierende Antenne und das Gebäude des Rundsuchradargeräts eines Flughafens.

Abb 84 Flughafen-Rundsuchradar (Werkphoto Telefunken)

Auch in der Meteorologie verwendet man Radarverfahren: Bei Verwendung sehr hoher Frequenzen werden die Wellen an Regenwolken zerstreut (Abschn. VI) und dadurch auch teilweise reflektiert. Auf der elektronischen Landkarte erscheinen dann die Echos der Regenwolken, und man kann so das Wetter eines großen Gebietes laufend überwachen und das Wandern der Regenzonen verfolgen. Dies ist ein erheblicher Fortschritt für die Wetterbeobachtung, die bisher auf spärliche Meldungen einzelner Beobachtungsstationen angewiesen war. Diese Radarüberwachung ist besonders ausgebildet in Gebieten, in denen gefährliche Wirbelstürme auftreten, z. B. Ostküste Nordamerikas und westlicher Pazifik. Dort fliegen mit Rundsuchradar ausgerüstete Flugzeuge über dem Meer, um diese Wirbelstürme rechtzeitig zu erkennen und ihren Weg zu verfolgen. Die im Zentrum des Wirbelsturms auftretenden starken Regenfälle reflektieren Wellen sehr hoher Frequenz, und Echos dieser Regenzone zeigen auf der elektronischen Landkarte den Ort und die Form des Wirbelsturms. Abb. 85 ist ein Foto eines Wirbelsturms auf einer elektronisch gezeichneten Radarkarte. Man erkennt deutlich den Kern des Sturms mit dem Wirbel. Auf diese Weise kann man den Kern des Sturms auch aus größerer Entfernung genau erkennen, seinen Weg laufend verfolgen und brauchbare Sturmwarnungen ausgeben. Auch für die Messung des Windes verwenden die Meteorologen Radarverfahren. Sie lassen einen Ballon aufsteigen, der einen metallischen Reflektor trägt. Das Radargerät verfolgt den Ballon und entnimmt aus der gemessenen Bewegung des Ballons die Richtung und die Geschwindigkeit des Windes in den verschiedenen Höhen über dem Erdboden.

Die Reichweite eines am Boden stehenden Radargeräts ist nach Abb. 63 begrenzt, weil Gegenstände, die unterhalb des Horizonts liegen, nicht von den Wellen erreicht werden können. Schiffe sieht man daher bestenfalls in Entfernungen von 50 km. Die Sichtbarkeit von Flugzeugen hängt ab von der Flughöhe. Sobald das Flugzeug in Abb. 68 die Horizontlinie überschreitet, wird es im Radargerät an seinen Echos erkennbar. Heutige hoch fliegende Flugzeuge kann man daher schon in Entfernungen von mehreren hundert Kilometern erkennen. In steiler Bahn in große Höhen aufsteigende Raketen sieht man in Entfernungen von 1000 oder mehr Kilometern, sobald sie sich über die Horizontlinie erheben. In allen großen Staaten stehen heute riesige Radarstationen zur Überwachung des Luftraums im Dienste der Luftverteidigung als einzige Warnung bei überraschenden Angriffen. Sie werden auch die Ausgangsbasis für eine später vielleicht mögliche Abwehr gegen Fernraketen sein.

Der bereits erläuterte Dopplereffekt spielt in der Radartechnik ebenfalls eine Rolle. Wenn sich in Abb. 81 das reflektierende Flugzeug vom Radargerät entfernt, so ist die empfangene Frequenz

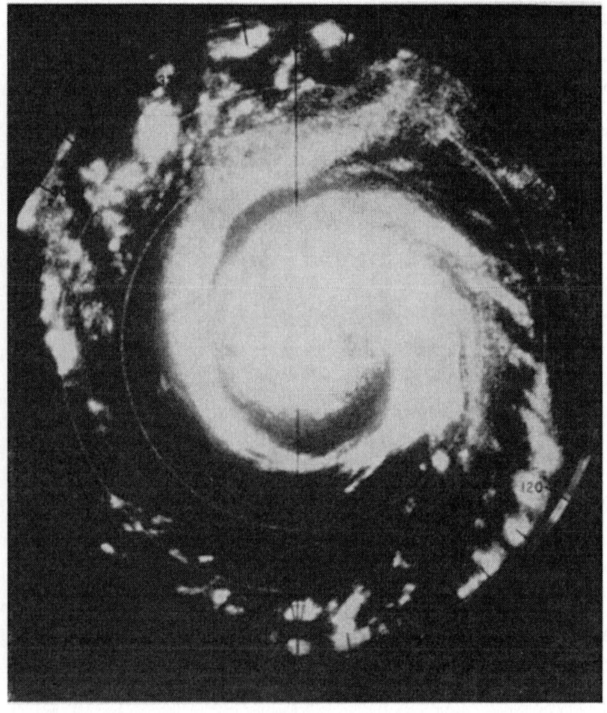

Abb. 85. Elektronische Radardarstellung eines Wirbelsturmes (Aus: Bücherei der Funkortung, Bd. 4; mit Genehmigung des Verkehrs- und Wirtschaftsverlages, Dortmund)

kleiner als die gesendete Frequenz, weil sich der Abstand zwischen Sender und Empfänger, gemessen auf dem Umweg der Wellen über das Flugzeug, vergrößert. Nähert sich das Flugzeug dem Radargerät, so ist die empfangene Frequenz größer. Dieses Verfahren ist heute allgemein bekannt beim „Verkehrsradar“, bei dem die Polizei die Geschwindigkeit eines Kraftwagens mit Hilfe des Dopplereffekts der am Kraftwagen reflektierten Welle mißt.

IX. Geleitete Wellen

Bisher wurden Vorgänge betrachtet, bei denen ein großer Raum zur Ausbreitung der Wellen verfügbar war. Jedoch war in vielen Fällen dieser Raum bereits durch die Erdoberfläche auf der einen Seite und die Ionosphäre auf der anderen Seite begrenzt. Die Wellen waren dann in ihrer Ausbreitung nicht mehr völlig frei, sondern wurden zwischen den begrenzenden Flächen auf bestimmten Wegen geleitet. Diese Leitung von Wellen kann man auch künstlich herbeiführen und dadurch neue technische Möglichkeiten schaffen. Ein Vorteil geleiteter Wellen ist leicht erkennbar: Die Wellen im freien Raum breiten sich stets kegelförmig aus, wie dies in Abb. 34 angedeutet ist. Ihre Intensität nimmt dann mit wachsendem Abstand vom Sender schnell ab, weil sich die Energie der Welle beim Fortlaufen in einem immer größeren Raum zerstreut. Durch das Leiten der Wellen zwischen äußeren Grenzen kann man diese Zerstreuung der Wellen weitgehend verhindern, und die Intensitätsabnahme der Welle bei wachsendem Abstand vom Sender wird geringer.

Wenn man elektromagnetische Wellen innerhalb von Metallröhren führt, hört jede Zerstreuung der Welle auf, und die Energie der Welle wird zusammengehalten. Die Führung von Wellen in Rohren hat einen weiteren entschiedenen Vorteil gegenüber der Anwendung von Wellen, die sich im freien Raum ausbreiten: Es wurde schon erwähnt, daß die Funktechnik ihre Grenzen dadurch erreicht, daß die verfügbaren Frequenzen in absehbarer Zeit völlig belegt sind und gegenseitige Störungen der einzelnen Funkdienste in untragbarem Ausmaß eintreten werden. Da die in einem Rohr geführten Wellen außerhalb des Rohres keine Felder erzeugen, wenn die Wand des Rohres genügend dick ist, stören sich die Wellen verschiedener Rohre gegenseitig nicht, und in jedem Rohr werden alle Frequenzen beliebig verfügbar. Schon heute wäre der Nachrichtenverkehr nicht mehr störungsfrei abzuwickeln, wenn er sich nicht größtenteils mit Hilfe von geleiteten Wellen in Rohren abwickeln ließe.

Alle Einrichtungen, mit denen man Wellen längs bestimmter Wege leitet, nennt man „Wellenleiter". Ihre einfachste Form sind Rohre vorzugsweise mit kreisförmigem oder rechteckigem Querschnitt. Diese Gruppe der Wellenleiter nennt man „Hohlleiter“. Im Innern solcher Rohre können allerdings nur dann Wellen existieren, wenn die Durchmesser der Rohre größer als eine halbe Wellenlänge sind. Ein Rohr mit einem Durchmesser von 10 cm kann beispielsweise Wellen nur bei Frequenzen über 1,5 Milliarden Hertz führen. Die Theorie dieser Hohlleiter wurde schon um die Jahrhundertwende (Lord RAYLEIGH 1897) geschaffen, jedoch konnten die entscheidenden Experimente erst nach 1930 unternommen werden, nachdem man brauchbare Sender für die benötigten hohen Frequenzen besaß. Der letzte Weltkrieg brachte 1943 den ersten technischen Einsatz der Hohlleiter in Radargeräten. Jedoch wurde die Anwendbarkeit der Hohlleiter für die Wellenübertragung über größere Entfernungen erst um 1950 entdeckt und seitdem ernsthaft entwickelt. Diese Möglichkeit steckt aber noch in den Anfängen, da der Bedarf an Nachrichtenübertragung vorerst noch mit den bisher bekannten Mitteln gedeckt werden kann.

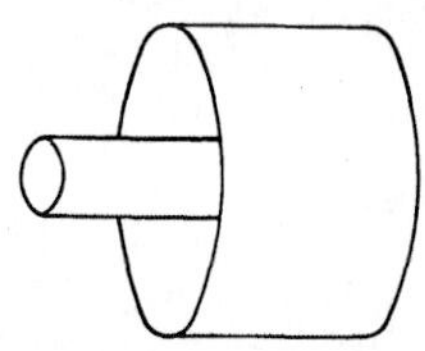

Abb. 86. Koaxialer Wellenleiter

Da die Rohrdurchmesser der Hohlleiter größer als eine halbe Wellenlänge sein müssen, würde man für die Übertragung niedriger Frequenzen Rohre mit sehr großem Durchmesser benötigen, die man weder bezahlen noch unterbringen kann. Für niedrigere Frequenzen entsteht eine brauchbare Lösung dadurch, daß man in das Rohr noch einen inneren Leiter bringt, der meist ein dicker Draht ist und isoliert vom äußeren Rohr längs der Achse des Rohres verläuft. Man erhält dann die in Abb. 86 gezeichnete koaxiale Leitung. Derartige Leitungen zur Übertragung von Wellen sind erstmalig für Unterwasserkabel verwendet worden. Wegen des hohen Wasserdrucks kann man dann keine Luft in der Leitung lassen, sondern muß den Zwischenraum zwischen Innenleiter und äußerem Rohr mit einem druckfesten und wasserbeständigen Isolierstoff vollständig ausfüllen. Man kann im Wasser manchmal sogar das äußere Rohr fortlassen, weil die äußere Wasserhülle wegen ihrer Leitfähigkeit das Rohr ersetzen kann, insbesondere bei Meereswasser mit hohem Salzgehalt. Den ersten Versuch mit einem so einfachen koaxialen Kabel hat schon der amerikanische Physiker MORSE, Schöpfer der Morseschrift, 1842 gemacht. 1850 wurde der Kanal zwischen England und Frankreich auf diese Weise überbrückt und am 28. Juli 1858 passierte das erste Telegramm über eine solche Leitung den Atlantik, jedoch hatte dieses Kabel nur kurze Lebensdauer. Seit 1866 gibt es regelmäßige Kabelübertragungen durch den Atlantik. 1935 lagen 700000 km Kabel im Meer. Diese Leitungen dienten jedoch nur für die Zwecke der Telegrafie und waren für höhere Frequenzen ungeeignet. Die Entwicklung koaxialer Leitungen für höhere Frequenzen wurde zur Übertragung von Fernsehbildern auf dem Landwege nach 1930 ernsthaft begonnen. Kurz vor dem zweiten Weltkrieg lag in Deutschland erstmalig eine koaxiale Fernsehleitung zwischen Berlin und München. Man hat dies nach dem Krieg für Fernsehzwecke nicht weiter ausgebaut, weil die Richtfunk-Relaisstrecken (Abb. 74) Bilder hoher Qualität besser übertragen. Wohl aber hat man heute koaxiale Kabel in großem Umfang im Weitstrecken-Telefonieverkehr in Benutzung. Abb. 87 zeigt ein modernes Weitverkehrskabel, in dem acht größere und sechs kleinere koaxiale Leitungen in ringförmiger Anordnung in einer gemeinsamen Schutzhülle zusammengefaßt sind. Über jede koaxiale Leitung kann man viele Nachrichten gleichzeitig übertragen, wenn man wie bei der drahtlosen Übertragung mehrere Sender verschiedener Frequenz verwendet und die Frequenzspektren dieser modulierten Sender wie in Abb. 70d störungsfrei nebeneinanderlegt. Man überträgt auf diese Weise heute bereits 1000 Telefongespräche durch eine einzige koaxiale Leitung.

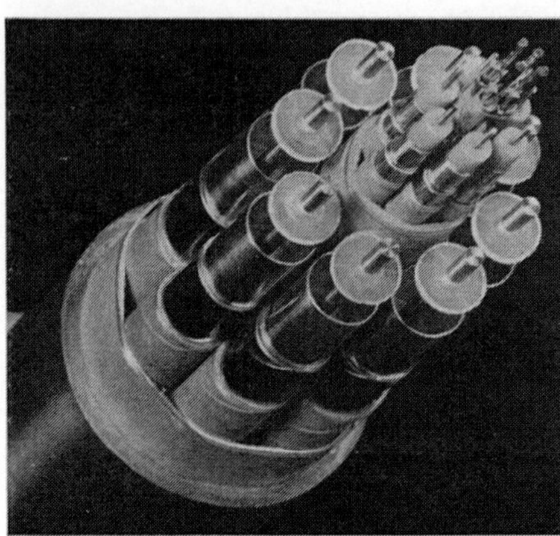

Abb. 87. Weitverkehrskabel mit koaxialen Leitungen (Werkphoto Siemens & Halske)

Man kann im Innern eines Rohres auch mehr als einen Leiter anbringen. Es gibt Wellenleiter, die sehr viele Innenleiter in einem einzigen äußeren Rohr vereinigen und dadurch zur gleichzeitigen Übertragung vieler Nachrichten geeignet sind. Die Telefonkabel unserer Großstädte enthalten hunderte von Leitern in einem äußeren Rohr und übertragen gleichzeitig hunderte von Gesprächen, die die gleichen Frequenzen benutzen. Es besteht jedoch eine gewisse Gefahr, daß sich diese vielen verschiedenen Wellen untereinander etwas vermischen und dadurch das theoretisch durchaus mögliche Idealbild von vielen unabhängig nebeneinander laufenden Wellen gestört wird, weil der Aufbau der Leitung in der Praxis stets unvollkommen ist. Beispielsweise ist es sehr schwierig, die Abstände zwischen den inneren Leitern und die Abstände zwischen jedem inneren Leiter und dem äußeren Rohr in einer längeren Leitung überall auf dem richtigen Wert zu halten. Solche Fehler wirken sich mit wachsender Frequenz immer mehr aus, so daß Leitungen mit mehreren Innenleitern und mehrfacher Benutzung der gleichen Frequenz in der Praxis nur bei niedrigeren Frequenzen möglich sind. Sobald man höhere Frequenzen durch die Leitung schicken will, zieht man es daher vor, statt mehrerer Innenleiter in einem Außenrohr mehrere selbstständige koaxiale Leitungen nebeneinander wie in Abb. 87 zu legen, also jedem Innenleiter ein eigenes Außenrohr zu geben und die einzelnen Wellen dadurch zu trennen.

Um eine Welle längs eines Weges zu leiten, braucht man nicht unbedingt ein äußeres begrenzendes Rohr. Es genügt bereits ein einzelner Draht (Eindrahtwellenleiter). Schon Hertz hat sich mit dieser Möglichkeit befaßt, jedoch gab erst Sommerfeld 1899 eine exakte Theorie hierfür. Er konnte zeigen, daß es tatsächlich elektromagnetische Wellen gibt, deren elektrische Felder sich rund um den Einzeldraht herum ausbilden und deren Energie sich bei sehr hohen Frequenzen um diesen Draht herum konzentriert. Die praktische Anwendung des Einzeldrahtes ist daher nur bei sehr hohen Frequenzen möglich, so daß erst Goubau 1951 diese Eindrahtwelle im praktischen Betrieb über eine größere Entfernung vorführen konnte. Wesentlich bekannter ist der Wellenleiter aus zwei parallelen Drähten. Angeregt durch die Versuche von Hertz hat Lecher bereits 1890 die Wellen längs einer solchen Leitung bei sehr hohen Frequenzen untersucht. Alle diese Wellenleiter ohne äußeres Rohr haben den Nachteil, daß sie weder gegen das

Wetter noch gegen Einstrahlung von Wellen aus dem Außenraum geschützt sind und daher durch den Funkverkehr gestört werden. Die Bedeutung dieser wegen ihrer Einfachheit an sich sehr brauchbaren Drahtwellenleiter ist daher nicht mehr so groß.

Die Übertragungen von Nachrichten über Wellenleiter verläuft nach dem gleichen Prinzip wie im freien Raum. Man benötigt einen Sender, der eine Sendeantenne mit Wechselstrom versorgt. Die Sendeantenne erzeugt in dem Rohr eine Welle, die am Ende des Rohres durch eine Empfangsantenne wieder aufgenommen wird. Diese Antennen haben die gleiche Form wie die üblichen Antennen, sind Dipole oder Rahmenantennen, unter Umständen auch Dipole in besonderen Kombinationen, die eine Richtwirkung erzeugen. Besonders einfach ist dabei die Anregung einer Welle in Wellenleitern, die einen oder mehrere Innenleiter besitzen. Die beiden zur Wellenführung benutzten Leiter (z. B. der Innenleiter und das Außenrohr der koaxialen Leitung in Abb. 86) bilden zusammen einen Kondensator, den man wie in Abb. 88a direkt ohne Verwendung einer gesonderten Antenne mit Hilfe des Senders B aufladen kann und der als wellenerzeugender Kondensator in direkter Analogie zu den Kondensatoren der Abb. 27 dienen kann. Ebenso kann diese Leitung direkt als Kondensator einer Empfangsantenne in Analogie zur Abb. 53 wirken und den Empfänger speisen. Diese Anordnung läßt nicht nur das Antennenproblem besonders einfach werden, sondern ist auch für beliebig niedrige Frequenzen geeignet, so daß im Gegensatz zur drahtlosen Übertragung hier das Erzeugen von Wellen sehr niedriger Frequenz keine wesentlichen Antennenprobleme aufwirft. Der Grund hierfür ist, daß sich in einer solchen Leitung die elektrischen Feldlinien nicht von den Leitern lösen müssen, sondern auf ihrem ganzen Weg an den Leitern hängen bleiben. Es wurde zur Abb. 27 schon erläutert, daß das Loslösen der Feldlinien von den Leitern in den freien Raum hinein besondere Schwierigkeiten macht und bei niedrigen Frequenzen riesige Antennen verlangt.

Im folgenden werden die Wellen der koaxialen Leitung als einfachstes Beispiel eines Wellenleiters mit inneren Leitern betrachtet. Elektrische Feldlinien sind stets gezwungen, senkrecht auf den Leitern zu landen, und an den Enden der Feldlinien sitzen Ladungen auf den Leitern. Da außerdem alle Feldlinien die Tendenz haben, auf möglichst kurzen Wegen zwischen den Leitern zu verlaufen, laufen die elektrischen Feldlinien in allen mit Innenleitern arbeitenden Wellenleitern stets senkrecht zur Leitungsachse, wie dies für eine koaxiale Leitung in Abb. 88a im Längsschnitt und in Abb. 88b im Querschnitt gezeichnet ist. Schickt der Sender einen Strom in die Leitung, so lädt der Strom den Leitungskondensator auf, jedoch nicht alle Teile der Leitung gleichzeitig,

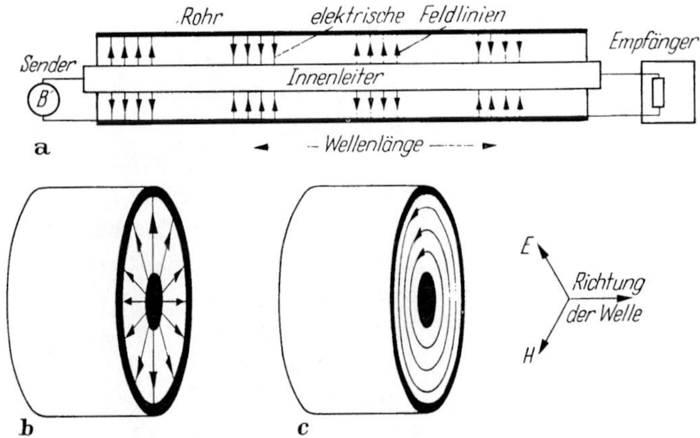

Abb. 88. Welle der koaxialen Leitung

sondern zunächst den Anfang der Leitung, und das Feld läuft dann mit bestimmter Geschwindigkeit in die Leitung hinein, weil sich nach den von Maxwell entwickelten Regeln die Feldenergie nicht unendlich schnell bewegen kann. Die weiter vom Speisepunkt entfernten Teile der Leitung laden sich also erst nach und nach auf. Die Geschwindigkeit, mit der sich das Feld in den Leitungskondensator hineinschiebt, ist bei den gebräuchlichen Leitungen nur wenig kleiner als die Lichtgeschwindigkeit, also sehr groß. Bei einer Leitung von 300 m Länge ist daher die Aufladung schon nach etwa 1 Millionstel Sekunde bis ans Ende der Leitung vorgedrungen, bei einer Leitung von 300 km Länge immerhin schon nach 1 Tausendstel Sekunde. Um ein Transozeankabel quer durch einen großen Ozean zu durchlaufen, braucht das Feld einige Hundertstel Sekunden.

Wenn der Sender Wechselströme liefert, so fließt der Ladestrom nur für bestimmte Zeit und wechselt dann seine Richtung. Der

Kondensator wird dann wieder entladen, aber ein Teil der elektrischen Energie läuft wie in Abb. 88a im Rohr weiter als Welle zum Empfänger. Der Wechselstrom lädt dann den Kondensator der Leitung in umgekehrter Richtung auf. Wenn der Vorgang des Ladens und Entladens schnell genug aufeinander folgt, findet man auf der Leitung wie in Abb. 88a längs des Rohres noch die Felder der vorhergehenden Lade- und Entladevorgänge, die noch auf dem Weg zum Empfänger sind. Wegen der verschiedenen Laderichtungen haben die aufeinanderfolgenden Feldliniengruppen entgegengesetzte Richtung der Feldlinien. Die Wellenlänge der auf der Leitung laufenden Wellen ist gleich dem Abstand zweier Feldliniengruppen mit gleicher Feldlinienrichtung. Es wurde früher schon erwähnt, daß die Wellenlänge gleich dem Quotienten der Fortpflanzungsgeschwindigkeit und der Frequenz ist. Überträgt man über die koaxiale Leitung eine niedrige Frequenz von 1000 Hertz, so erhält man eine Wellenlänge von etwa 300 km. Bei niedrigeren Frequenzen kann man also nur an sehr langen Leitungen das Vorhandensein einer Welle erkennen, da auf kürzeren Leitungen nur Bruchteile einer Wellenlänge liegen. Erst dann, wenn die Leitung länger als eine halbe Wellenlänge ist, läßt sie deutlich die Wellenerscheinungen erkennen.

Da sich dort, wo elektrische Feldlinien auf den Leitern enden, stets Ladungen befinden müssen, findet man auch bei den Feldlinien der koaxialen Welle Ladungen auf dem inneren Leiter und auf dem äußeren Rohr an den Enden der Feldlinien. Da sich die Feldlinien der Welle zum Empfänger hin bewegen, laufen diese Ladungen mit den Feldlinien mit. Die sich auf den Leitern bewegenden Ladungen stellen Ströme dar, die auf dem inneren Leiter und auf der Innenseite des äußeren Rohres mit der Welle zum Empfänger fließen. Diese Ströme besitzen magnetische Felder, die bei der koaxialen Leitung den Innenleiter kreisförmig umgeben, wie dies in Abb. 88c gezeichnet ist. Die magnetischen Feldlinien stehen also überall senkrecht auf den elektrischen Feldlinien der Abb. 88b. Es gilt auch für diese Welle in jedem Punkt des Querschnitts das für Raumwellen geltende und in Abb. 15 unten rechts gezeichnete Gesetz, daß die elektrische Feldstärke E und die magnetische Feldstärke H überall senkrecht aufeinanderstehen und daß sich die Welle senkrecht zu E und H bewegt.

Da die Leiter der Leitung einen elektrischen Widerstand besitzen, erzeugen die längs der Leiter laufenden Ströme Wärme in den Leitern. Die entstehende Wärmeenergie wird der Feldenergie der Welle entzogen. Selbst bei Verwendung bester Leiter (z. B. Kupfer) ist bei längeren Leitungen der Energieentzug durch Wärmebildung so bedeutend, daß die Amplitude der Welle erheblich geschwächt wird. Da der Empfänger am Ende der Leitung eine gewisse Mindestenergie benötigt, um das übertragene Signal sicher empfangen zu können (Abschn. V, D), kann man Leitungen stets nur mit begrenzten Längen verwenden. Der Widerstand aller Leiter nimmt mit wachsender Frequenz zu, weil sich mit wachsender Frequenz durch Induktionswirkungen in den Leitern eine Hautwirkung (Skineffekt) ausbildet, durch die die Strombahnen in den Leitern eingeengt werden und der Strom aus dem Leiterinnern herausgedrückt wird. Die Wärmebildung in den Leitern und dementsprechend die Schwächung der Welle wird daher mit wachsender Frequenz immer ausgeprägter. Während man mit sehr niedrigen Frequenzen noch durch einen Ozean hindurch über Kabel langsam telegrafieren kann, ist ein Telefonieren über Leitungen nur noch etwa bis zu 1000 km Entfernung möglich, die Übertragung eines Fernsehbildes hoher Qualität höchstens über einige Kilometer. Es war deshalb auch nie möglich, über ein Kabel von Europa nach USA zu telefonieren.

Um höhere Frequenzen über Leitungen größerer Länge zu übertragen, bedurfte es grundsätzlich neuer Verfahren. Man mußte hier zu dem gleichen Prinzip übergehen, das in Abb. 74 für Richtfunk dargestellt ist. Man kann nur Leitungen begrenzter Länge verwenden. Am Ende der Leitung ist dann die Welle schon so schwach, daß man sie wie in Abb. 74b empfangen, verstärken und wieder neu in eine weitere, anschließende Leitung aussenden muß. Die Möglichkeit, ein Signal verstärken zu können, ist also die Voraussetzung für die Verwendung von Wellen auf Leitungen über große Entfernungen. Am 20. August 1914 stellt die Reichspost mit Elektronenröhren-Verstärkern eine behelfsmäßige Fernsprechverbindung zwischen dem deutschen Hauptquartier in Luxemburg und der Armeeleitung in Ostpreußen her, auf der erstmalig über solch große Entfernungen die Gespräche geführt wurden, die zur Entsendung Hindenburgs an die Ostfront und zur Schlacht von Tannenberg führten. Im Januar 1915 konnten die Amerikaner mit Leitungen und Verstärkern bereits von New York nach San Franzisko telefonieren. Die heutigen koaxialen Leitungen verwenden teilweise so hohe Frequenzen, daß nach Leitungslängen von 10 bis 20 km bereits eine Verstärkung notwendig ist.

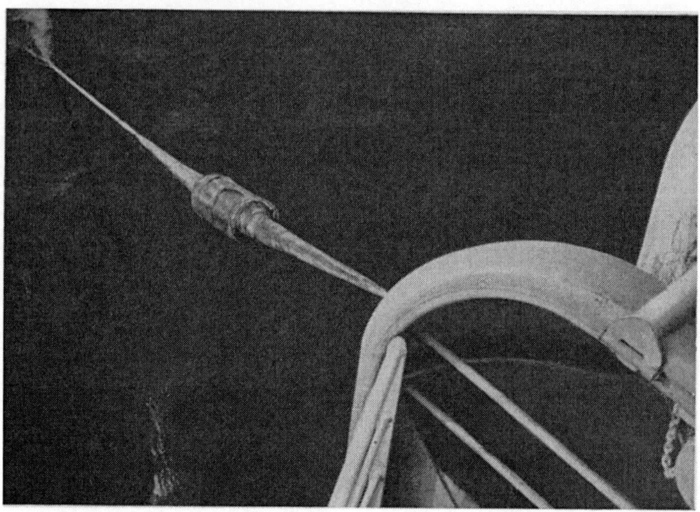

Abb. 89. Tiefseeverstärker in einem Koaxialkabel (Werkphoto Felten & Guillaume); rechts die Spitze des Kabeldampfers

Der Betrieb von solchen Verstärkerstationen ist in zivilisierten Ländern kein Problem. Wohl aber schränkt dies die Verwendung aller Leitungen in unzugänglichen Gegenden ein, insbesondere bei der Überbrückung großer Wasserflächen. Nachdem es aber gelungen ist, nach umfangreichen Vorarbeiten und mit größtem Aufwand Verstärkerröhren zu schaffen, die eine sichere Lebensdauer von 20 Jahren besitzen, hat man es gewagt, auch Transozeankabel mit Verstärkern zu bauen und die Kabel mit ihren Verstärkern auf dem Grund des Meeres zu verlegen. Jedes Versagen eines Verstärkers verlangt das Auslaufen eines Kabelschiffes, das Auffinden und Hochziehen des Kabels und das Öffnen der wasserdichten Hülle, kostet also viel Geld. Daher die Notwendigkeit, Verstärker zu schaffen, die äußerste Betriebssicherheit für sehr viele Jahre garantieren. Den Strom, den die Verstärker für ihren Betrieb brauchen, führt man ihnen über die Leiter des Kabels von den fernen Landstationen her zu. Der erste Unterwasserverstärker für große Tiefen wurde 1946 in ein Kabel im Mittelmeer versuchsweise eingebaut und in 3000 m Tiefe betrieben. Die Übertragung höherer Frequenzen als bisher wurde dadurch möglich. Heute liegen bereits vier vollständige koaxiale Kabel mit Verstärkern zwischen Europa und Amerika, und die in diesen Kabeln geleiteten Wellen bieten bisher nicht erreichbare Möglichkeiten. Abb. 89 zeigt einen Tiefseeverstärker in einem Koaxialkabel beim Auslegen durch das Kabelschiff. Die Größe des Verstärkers einschließlich der wasserdichten Hüllen ist nicht unerheblich. Ein Koaxialkabel mit Verstärkern durch den Atlantik gestattet etwa 100 Telefongespräche gleichzeitig. Gerade in der Zeit großer Frequenznot bei der drahtlosen Übertragung ist dies ein wichtiger Fortschritt, zumal die Kosten solcher Kabel nicht extrem hoch sind. Zur Zeit werden pro Jahr bereits 4 Millionen Überseegespräche geführt, woran die koaxialen Kabel nennenswert beteiligt sind. Man erwartet für das Jahr 1980 etwa 100 Millionen Überseegespräche und muß die hierfür erforderlichen Möglichkeiten größtenteils durch Kabel schaffen. Lediglich für die Übertragung guter Fernsehbilder eignen sich diese Leitungen nicht, weil die Energieverluste durch Wärmebildung und auch die Fortpflanzungsgeschwindigkeit der Wellen bei den verschiedenen Frequenzen sehr verschieden sind. Das Fernsehbild hat aber eine große Frequenzbandbreite (Abschn. VII), und die verschiedenen Frequenzen des Bildes würden sehr verschiedene Energieverluste und verschiedene Laufzeiten durch das Kabel haben. Am Ende eines langen Kabels erscheint also das Bild fehlerhaft verzerrt.